DFG

Physikalische Grundlagen des Klimas und Klimamodelle

Vertrieb:

VCH Verlagsgesellschaft, Postfach 1260/1280, D-6940 Weinheim (Bundesrepublik Deutschland)

Schweiz: VCH Verlags-AG, Postfach, CH-4020 Basel (Schweiz)

Großbritannien und Irland: VCH Publishers (UK) Ltd., 8 Wellington Court, Wellington Street, Cambridge CB1 1HW (Großbritannien)

USA und Canada: VCH Publishers, Suite 909, 220 East 23rd Street, New York, NY 10010-4606 (USA)

ISBN 3-527-27127-9

DFG Deutsche Forschungsgemeinschaft

Physikalische Grundlagen des Klimas und Klimamodelle

Forschungsschwerpunkt der Deutschen Forschungsgemeinschaft 1978–1985

Abschlußbericht

erstellt vom Gesamtkoordinator
Friedrich Wippermann
unter Mitwirkung der Teilbereichskoordinatoren sowie der Koordinatoren für die Feldexperimente

Forschungsbericht

Deutsche Forschungsgemeinschaft
Kennedyallee 40
D-5300 Bonn 2
Telefon: (02 28) 8 85-1
Telex: (17) 2 28 312 DFG
Teletex: 2 28 312 DFG

Die folgenden Autoren haben zu diesem Bericht beigetragen

Abschnitt(e):	
3	Prof. Dr. J. Egger, Univ. München
4.1; 4.2.1; 4.3.1	Prof. Dr. F. Fiedler, Univ. Karlsruhe
4.2.4; 4.3.4	Dr. C. Freytag, Univ. München
4.2.2; 4.3.2	Dr. B. Hennemuth, Univ. München (jetzt Hamburg)
4.2.3; 4.3.3	Prof. Dr. H. Kraus, Univ. Bonn
1; 2.1; 4.4; 4.5; 4.6; 5	Prof. Dr. F. Wippermann, TH Darmstadt

CIP-Kurztitelaufnahme der Deutschen Bibliothek
Wippermann, Friedrich:
Physikalische Grundlagen des Klimas und Klimamodelle : Forschungsschwerpunkt d. Dt. Forschungsgemeinschaft 1978 - 1985 ; Abschlussbericht / erstellt vom Gesamtkoordinator Friedrich Wippermann unter Mitw. d. Teilbereichskoordinatoren sowie d. Koordinatoren für d. Feldexperimente. DFG, Dt. Forschungsgemeinschaft. [Die folgenden Autoren haben zu diesem Bericht beigetragen: J. Egger ...]. - Weinheim ; Basel (Schweiz) ; Cambridge ; New York, NY : VCH, 1988
(Forschungsbericht / DFG, Deutsche Forschungsgemeinschaft) ISBN 3-527-27127-9

Satz: Hagedornsatz, D-6806 Viernheim
Druck: betz-druck gmbh, D-6100 Darmstadt 12
Bindung: Wilh. Osswald + Co. · Großbuchbinderei, D-6730 Neustadt/Weinstraße
Printed in the Federal Republic of Germany

Inhalt

Abkürzungsverzeichnis

AAZ	Allgemeine Atmosphärische Zirkulation
ALPEX	Alpenexperiment
DISKUS	Dischmatal Klimauntersuchungen
DFVLR	Deutsche Forschungs- und Versuchsanstalt für Luft- und Raumfahrt
DWD	Deutscher Wetterdienst
FITNAH	Flow over Irregular Terrain with Natural and Anthropogenic Heat Sources (Numerisches Simulationsmodell)
FPN	Forschungsplattform Nordsee
GARP	Global Atmospheric Research Programme
GCM	General Circulation Model
hPa	Hektopascal (bisherige Bezeichnung mb)
IR	Infrarot
LfU	Landesamt bzw. Landesanstalt für Umweltschutz
LLJ	Low Level Jet
mb	Millibar (neuere Bezeichnung hPa)
MERKUR	Mesoskaliges Experiment im Raum Kufstein - Rosenheim
MESOKLIP	Mesoskaliges Klimaprojekt im Oberrheingraben
PUKK	Projekt zur Untersuchung des Küstenklimas
REWIMET	Regionales Windmodell einschließlich Transport
SOP	Special Observing Period
SST	Sea Surface Temperature
VIS	VISIBLE (Solarer Bereich)
WCRP	World Climate Research Programme

Der Forschungsschwerpunkt im Überblick

(Eine Zusammenfassung für den eiligen Leser)

Die Bedeutung der 1977 gewählten Thematik des Schwerpunktprogramms (1978 bis 1985) wurde durch die internationale Entwicklung voll bestätigt: Zum 1. Januar 1980 wurde gemeinsam vom International Council of Scientific Unions (ICSU) und der World Meteorological Organization (WMO) das World Climate Research Programme (WCRP) in Gang gesetzt. Die Beteiligung der Bundesrepublik Deutschland hieran erfolgt durch das vom Bundesministerium für Forschung und Technologie geförderte Nationale Klimaprogramm, für das, durch die Entwicklung bedingt, das DFG-Schwerpunktprogramm eine Art Pilotfunktion gehabt hat und in das es eingemündet ist.

Parallel zu diesen internationalen Aktivitäten wurde im Rahmen des seinerzeit ebenfalls von ICSU und WMO initiierten Global Atmospheric Research Programme (GARP) vom Herbst 1981 bis zum Herbst 1982 das ebenfalls internationale Alpenexperiment ALPEX durchgeführt, zu dem von seiten des DFG-Schwerpunktes mit einem Teilexperiment (MERKUR, Mesoskaliges Experiment im Raum Kufstein - Rosenheim) beigetragen werden konnte.

Dies alles zeigt, wie stark das Schwerpunktprogramm in die internationalen Forschungsaktivitäten eingebunden gewesen ist.

Es steht gänzlich außer Frage, daß die mit so einem komplexen System wie dem Klima verbundenen Probleme nicht mit einem - wenn auch mehrjährigen - Forschungsschwerpunkt wie dem vorliegenden gelöst werden können, verstehen wir doch noch nicht einmal die physikalischen Grundlagen des Klimas richtig.

Dieser Thematik hat sich das Schwerpunktprogramm zugewandt, aber natürlich konnten nur Einzelprobleme herausgegriffen und angegangen werden. Gerade in der Beschränkung auf relativ wenige solcher Einzelprobleme wurde die Chance gesehen, zu Erfolgen zu kommen.

Bei der Auswahl der zu untersuchenden Einzelprobleme war es sinnvoll, zunächst einmal den Gesamtbereich des Klimas in zwei Teilbereiche, nämlich den des großräumigen oder gar globalen Klimas und denjenigen des regionalen oder gar lokalen Klimas, aufzuteilen.

Die Arbeiten im Teilbereich „Regionales Klima" (Mesoskaliges Klima) wurden weitgehend von der Durchführung der vier Feldexperimente bestimmt; es waren dies

1979 MESOKLIP (Mesoskaliges Klimaprojekt Oberrheingraben),
1980 DISKUS (Dischmatal Klimauntersuchungen),
1981 PUKK (Projekt zur Untersuchung des Küstenklimas),
1982 MERKUR (Mesoskaliges Experiment im Raum Kufstein/Rosenheim).

Die bei diesen Feldexperimenten erstellten Datensätze, für jedes Experiment jetzt in einem gesonderten Datenheft (natürlich in extenso in einer Datenbank) vorliegend, stellen ein wertvolles Material dar, bis zu dessen vollständiger Ausschöpfung noch eine Reihe von Jahren vergehen wird.

Als besonders fruchtbar hat sich das MESOKLIP-Feldexperiment im Oberrheintal erwiesen, das die bis heute noch einzige Vermessung von Vertikalschnitten der Klimavariablen (z. B. Temperatur, Feuchte, Wind) quer durch ein breites Tal erbracht hat. Dabei wurden neue, zum Teil überraschende Erkenntnisse über die Kanalisierung der Luftströmungen auch in breiteren Tälern gewonnen und der sogenannte Gegenstrom entdeckt (s. Abschn. 4.3.1 und 4.5). Im Zusammenhang mit den Untersuchungen im Oberrheintal wurde auch erstmals eine „künstliche" Bodenwindrose berechnet, zu welcher nur eine Rose des großräumigen, durch das Gelände ungestörten Windes benötigt wird, sowie die Topographie des Geländes. Inzwischen wurde dieses zunächst nur für eine einzelne Station entwickelte Verfahren auch auf ganze Regionen angewandt (siehe z. B. Abb. 4.36 mit einer Anwendung auf das Rhein-Main-Gebiet). Man kann hierdurch nicht nur eine Aussage möglich machen über die zu erwartende Änderung der lokalen Windverteilung bei einer Änderung der großräumigen Windverteilung, sondern hat mit dem Verfahren zugleich eine ausgezeichnete Hilfe bei industriellen Planungen (z. B. Kraftwerkstandorte u. ä.) wie auch Landschaftsplanungen (etwa größere Aufschüttungen, Abtragungen usw.) in der Hand.

Im Gegensatz zum sehr breiten Oberrheintal wurden im DISKUS-Meßexperiment die Verhältnisse in einem engen (Alpen-)Tal untersucht, dem Dischmatal bei Davos. Hier kam es besonders auf die Verhältnisse der thermischen Schichtung in Abhängigkeit von der lokal sehr unterschiedlichen Sonneneinstrahlung an und auf die sich dadurch einstellenden lokalen Vertikalzirkulationen (Hangwinde).

Das Küstenexperiment PUKK stand in der Ungunst der Wetterbedingungen, hat aber trotzdem noch einige interessante Ergebnisse gebracht, z. B. über den nächtlichen Grenzschichtstrahlstrom und über die Höhenveränderlichkeit der turbulenten Vertikalflüsse, wozu das Experiment ursprünglich gar nicht angelegt war.

Das Feldexperiment MERKUR schließlich untersucht die Verhältnisse in einem großen Alpental, dem Inntal und seinem Vorgelände. Hier konnten z. B. neue Erkenntnisse über die Variation des Massenhaushaltes eines solchen Tales gewonnen werden, und damit auch über das Einsetzen des Berg- und Talwindes und deren Höhenveränderlichkeit; diese Winde sind für das Klima der betroffenen Orte ganz entscheidend.

Als sehr wichtiges Ergebnis des Schwerpunktprogramms muß ebenfalls die Erstellung von numerischen Simulationsmodellen angesehen werden, die bei Verzicht auf die sogenannte hydrostatische Approximation auch in stark gegliedertem kleinräumigem Gelände angewandt werden können. Mit ihnen sind viele der in den Experimenten beobachteten Phänomene simuliert worden; sie stehen auch für künftige landesplanerische Aufgaben u. ä. zur Verfügung.

Das großräumige oder gar globale Klima muß verstanden werden, wenn man sich irgendeinen Fortschritt in der langfristigen Witterungsvorhersage erhofft oder wenn man den Einfluß menschlicher (z. B. CO_2-Anstieg) oder natürlicher (z. B. Vulkanausbruch) Aktivitäten auf ebendieses Klima abschätzen will.

Im Teilbereich „Globales Klima" des Forschungsschwerpunktes wurden drei Teilaspekte ausgewählt, die bearbeitet wurden:

- Analyse von Datensätzen
- Theoretische Studien der klimatischen Veränderlichkeit
- Test von Theorien.

Mit der Analyse von Datensätzen (s. Abschn. 3.2), die in erheblichem Umfang existieren, wurde man einem dringenden Bedarf gerecht. Es besteht Übereinstimmung mit den übrigen internationalen Aktivitäten auf diesem Gebiet, daß man zunächst einmal versucht, aus den sich täglich vergrößernden Datensätzen alles das herauszuholen, was möglich ist. Hierbei wurden z. B. die Langzeitvariabilität der nordhemisphärischen Mitteltemperatur untersucht, ebenso der Einfluß von Vulkanausbrüchen (für den ein ganz deutlicher Nachweis gelang), ferner die Geopotentialfelder der 500-hPa-Fläche auf der Nordhemisphäre und schließlich die Bewölkung. Hier konnte ein Verfahren entwickelt werden, welches es gestattet, aus den Signalen für die Strahlendichtemessungen eines Satelliten im solaren (VIS) und im infraroten (IR) Bereich sowie aus einigen atmosphärischen Kenngrößen Angaben über Art und Verteilung der Bewölkung zu machen. Damit hat man jetzt ein Mittel zur Hand, mit dem die dringend benötigten Statistiken über das Klimaelement Bewölkung erstellt werden können.

Unter „Theoretische Studien" beschränkte man sich auf drei Problemkreise: „Sensitivität", „Blockierende Wetterlagen" und „Langzeitvariabilität". Zu allen drei Problemkreisen wurden durchaus passable, zum Teil auch recht schöne Ergebnisse erzielt; dies gilt insbesondere für „Blockierende Wetterlagen", wo festgestellt werden konnte, daß der Auf- und Abbau eines Blocks (d. h. eines großen, die allgemeine Westdrift blockierenden Hochdruckgebietes, ein bis zwei Wochen anhaltend) durch Wechselwirkung mit schnellen Tiefdruckstörungen erfolgt. Das macht natürlich die Vorhersage des Zusammenbruchs eines Blocks wieder schwieriger. Ein besonderer Fortschritt dürfte auch beim Ausbau der numerischen Modelle zur Simulation der allgemeinen atmosphärischen Zirkulation insofern gelungen sein, als man einer richtigen Kopplung eines solchen Modells mit einem entsprechenden Ozeanmodell, die unerläßlich (allerdings bis heute nicht gelungen) ist, deutlich näher gekommen sein dürfte.

Was schließlich den „Test von Theorien" betrifft, so hat man sich hier eines Feldes angenommen, welches – auch international – ziemlich vernachlässigt wird, das aber dank der extensiven „Analyse von Datensätzen" gut bearbeitet werden konnte und auch einige recht gute Ergebnisse gebracht hat.

Ein Abschnitt, der fünfte, widmet sich den aus dem Schwerpunktprogramm hervorgegangenen Veröffentlichungen. An dieser Stelle sei nur erwähnt, daß neben 19 Dissertationen, 69 Tagungsberichten und 40 Institutsmitteilungen sowie anderen Veröffentlichungen auch 144 Originalarbeiten in begutachteten Fachzeitschriften publiziert wurden.

1 *Einführung*

Das Schwerpunktprogramm „Physikalische Grundlagen des Klimas und Klimamodelle“ wurde für einen Zeitraum von acht Jahren (1. 1. 1978 bis 31. 12. 1985) gefördert.

In der Zeit der Beantragung des Schwerpunktprogramms (1976/1977) zeichnete sich bereits ab, daß Probleme im Zusammenhang mit dem Klima an Aktualität gewinnen würden. Hierzu trug vor allem das ständig gewachsene Umweltbewußtsein der Bevölkerung bei und damit das Sichtbarwerden von möglichen Gefahren, die in einer Änderung des Klimas durch menschliche Aktivitäten liegen könnten. Um jedoch solche Vorgänge besser verstehen zu können, war und ist es zunächst notwendig, sich mit den physikalischen Grundlagen des Klimas zu beschäftigen und hier die Kenntnisse zu erweitern.

Diese Grundlagen sind allerdings so vielfältig und komplex, daß im Rahmen des Schwerpunktprogramms selbstverständlich nur wenige besonders aktuelle und wichtige Einzelprobleme herausgegriffen und bearbeitet werden konnten; die Abschnitte 3 und 4 dieses Berichtes geben darüber Auskunft. Da diese Grundlagenuntersuchungen sich in starkem Umfang der verschiedensten, überwiegend numerischen Modelle bedienen mußten, war der Inhalt des Schwerpunktprogramms damit festgelegt: „Physikalische Grundlagen des Klimas und Klimamodelle.“

Die internationale Entwicklung auf dem Gebiet der Meteorologie hat die damalige Einschätzung voll bestätigt: Die Fragen im Zusammenhang mit dem Klima gewannen so rasch an Bedeutung, daß bereits zum 1. 1. 1980 von ICSU (International Council of Scientific Unions) und WMO (World Meteorological Organization) das World Climate Research Programme (WCRP) in Gang gesetzt wurde und man die Mitgliedsländer zu entsprechenden Aktivitäten aufforderte. Die Bundesregierung verabschiedete daraufhin im Herbst 1982 ein nationales Klimaforschungsprogramm, dessen Förderung durch das Bundesministerium für Forschung und Technologie (BMFT) übernommen wurde. Dem WCRP liegen zwei Fragestellungen zugrunde: 1. In welchem Umfang können Klimaänderungen vorhergesagt werden? und 2. In welchem Umfang beeinflußt der Mensch das Klima? Zur Beantwortung dieser Fragen sind ganz ohne Zweifel noch viele Grundlagenuntersuchungen erforderlich; mit solchen hat also das DFG-Schwerpunktprogramm zum WCRP beigetragen.

In die Zeit des Schwerpunktprogramms fiel auch noch ein anderes internationales Forschungsprogramm, allerdings von bedeutend geringerem Umfang, nämlich ALPEX (Alpenexperiment). Nach allen bereits im Jahre 1976 begonnenen Vorbereitungsarbeiten hatte ALPEX eine Beobachtungs- oder Meßphase (Observing Period) vom 1. 9. 1981 bis 30. 9. 1982; in diese eingebettet fand vom 1. 3. bis 30. 4. 1982 eine Intensivmeßphase (Special Observing Period - SOP) statt. Mit letzterer konnte das im Schwerpunktprogramm durchgeführte, auf das Inntal und den Raum Rosenheim beschränkte Experiment MERKUR (s. Abschn. 4.2.4) verbunden werden, für welches auf diese Weise die Meßdaten für die großräumige Umgebung anfielen. Gleichzeitig aber war MERKUR einer der deutschen Beiträge zu ALPEX; die Einbindung des Schwerpunktprogramms in die internationalen Forschungsaktivitäten wird auch an diesem Beispiel deutlich.

2 Zur Organisation des Schwerpunktprogramms

2.1 Aufteilung in Teilbereiche; die Koordination

Mit der Koordination des gesamten Schwerpunktprogramms war Prof. Dr. F. Wippermann, Technische Hochschule Darmstadt, befaßt.

Bei der Einrichtung des Schwerpunktprogramms erwies es sich als erforderlich und nützlich, die Gesamtthematik in zwei Bereiche aufzuteilen, von denen einer sich mit den globalen oder sehr großräumigen Aspekten des Klimas befaßte, während der zweite sich mit Problemen des Klimas im regionalen oder mittelräumigen Scale beschäftigte. Abkürzend werden die beiden Teilbereiche mit „Globales Klima“ und „Mesoskaliges Klima“ bezeichnet. Die in den beiden Teilbereichen erzielten Ergebnisse sind in den Abschnitten 3 und 4 dargestellt.

In jedem der beiden Teilbereiche wurde die Koordination von einem Teilbereichskoordinator übernommen; es waren dies im Teilbereich

„Globales Klima“:	Prof. Dr. J. Egger, Universität München
„Mesoskaliges Klima“:	Prof. Dr. F. Fiedler, Universität Karlsruhe

Im Teilbereich „Mesoskaliges Klima“ wurden vier größere Feldexperimente durchgeführt, deren Organisation jeweils in der Hand eines Koordinators oder zweier Koordinatoren lag. Diese waren für das Experiment

MESOKLIP	1979	Prof. Dr. F. Fiedler, Universität Karlsruhe
DISKUS	1980	Dr. C. Freytag und Dr. B. Hennemuth, beide Universität München
PUKK	1981	Prof. Dr. H. Kraus, Universität Bonn, und Dr. G. Tetzlaff, Technische Universität Hannover
MERKUR	1982	Dr. C. Freytag und Dr. B. Hennemuth, beide Universität München

Eine Beschreibung dieser vier Feldexperimente befindet sich im Abschnitt 4.2.

2.2 Die Teilnehmer des Schwerpunktprogramms „Physikalische Grundlagen des Klimas und Klimamodelle“ (Anzahl der Sachbeihilfen pro Jahr)

	1978	1979	1980	1981	1982	1983	1984	1985
Defant Universität Kiel	1	1	1	1				
Duensing DWD Seewetteramt Hamburg				1	2	1		
Dunst Universität Hamburg	1	1	1	1				
Egger Universität München			1	1	1	1	1	
Etling Universität Hannover				1	1	1	1	1
Fechner Universität Kiel			1					
Fiedler Universität Karlsruhe	2	1	1	1	1	1	1	1
Fischer Universität Hamburg		1	2	2	1	1	1	1
Fortak FU Berlin	3	3	2	1	2			
Freytag/Hofmann Universität München	1	1	1	2	1	2	1	2*)
Geb FU Berlin			1					
Grassl Universität Kiel				1				
Hantel Universität Bonn	1							
Hasse Universität Kiel				1	1	1		1
Hinkelmann Universität Mainz	1	1						
Hinzpeter Universität Hamburg	1	1						

*) davon eine Sachbeihilfe für 1986

	1978	1979	1980	1981	1982	1983	1984	1985
KESSLER Universität Freiburg	1	1		1				
KRAUS Universität Bonn			1	1	2	1	1	1
LABITZKE FU Berlin	1	1	1	1	1	1	1	1
MANIER TH Darmstadt					1			
MALBERG FU Berlin	1	1	1	1	1	1	1	
MAYER Universität München	1	1			1			
RASCHKE Universität Köln			2	2	2	1	1	
REITER Frh. Ges. Garmisch-P.	1	1	1	1		1	1	1
SCHÄNZER TU Braunschweig					1			
SCHIRMER/KALB DWD, ZA Offenbach/M.	1	2	2	1	1			
SCHMIDT, F. Universität München	1	1	1	1				
SCHMIDT, H. DWD, ZA Offenbach/M.					2			
SCHÖNWIESE Universität Frankfurt					1	1	1	1
STILKE Universität Hamburg	1	1	1	1	1	1	1	
TETZLAFF TU Hannover		1		1	1	1	1	1
WALK TU Karlsruhe	1	1	1	1	1	1		
WIPPERMANN TH Darmstadt	2	1	1	2	1	1	1	1
ZDUNKOWSKI Universität Mainz	1	1	1	1	1			

Außerdem haben am Schwerpunktprogramm (ohne Sachbeihilfe) teilgenommen: FRAEDRICH, FU Berlin, HASSELMANN, MPI für Meteorologie Hamburg, und JACOBSEN, DWD Offenbach.

2.3 Die im Schwerpunktprogramm aufgewendeten Finanzmittel

Jahr	Anzahl der Sachbeihilfen	Summe pro Jahr		
1979	23	DM	1 158 730,–	
1979	24	DM	1 411 920,–	
1980	25	DM	1 210 380,–	
1981	29	DM	1 664 290,–	
1982	30	DM	1 599 026,–	
1983	19	DM	953 030,–	
1984	15	DM	855 087,–	
1985	13*)	DM	818 494,–	
	117	DM	9 670 957,–	Gesamtsumme

*) davon eine Sachbeihilfe für 1986

3 Ergebnisse im Teilbereich „Globales Klima“

3.1 Einführung

Das globale Klimasystem umfaßt als Komponenten die Atmosphäre, die Ozeane und die Kryosphäre. Verständnis, Simulation und schließlich gar Prognose der Änderungen im Klimasystem sind zentrale Aufgaben der Klimaforschung. Entsprechend liegt der Arbeit im Schwerpunktprogramm die Frage nach der Natur der langsamen (klimatischen) Veränderlichkeit zugrunde. Dabei denkt man an Veränderungen mit Zeitskalen von 10 Tagen bis 1 Million Jahren; man interessiert sich also für eine weite Spanne, die Änderungen der Witterung ebenso umfaßt wie Eiszeitzyklen. Es galt, aus Zeitreihen neue Aussagen über die Art jener Schwankungen abzuleiten, Theorien und Modelle zu deren Erklärung zu entwickeln und diese schließlich anhand der Daten zu überprüfen. Die Darstellung der Arbeit im Schwerpunktbereich „Großräumiges Klima“ zerfällt demnach in drei Teile, nämlich

- Analyse von Datensätzen
- Theoretische Studien der klimatischen Veränderlichkeit
- Test von Theorien.

Es wird deutlich werden, daß sich zahlreiche Verbindungen und Verknüpfungen zwischen den drei Bereichen ergeben haben.

Angesichts der Komplexität des Klimaproblems hat man sich im Schwerpunktprogramm die Konzentration auf nur einige Fragestellungen vorgenommen. Insbesondere konzentrierte sich die Datenauswertung auf Vorgänge mit Zeitskalen, die auch dem verfügbaren Instrumentarium an theoretischen Modellen zugänglich waren. Bei den theoretischen Studien sollte ein Beitrag zum Themenkreis „Blockierende Wetterlagen“ geleistet und zum anderen die Reaktion der Atmosphäre auf Änderungen der Randbedingungen untersucht werden; dieser Problemkreis sei durch das Stichwort „Sensitivität“ gekennzeichnet. Beiden Problemkreisen übergeordnet muß man sich die Frage nach den Ursachen der klimatischen Veränderlichkeit denken. Der Test theoretischer

Vorstellungen anhand von Daten umfaßt Theorien zur Blockierung und Sensitivität, doch wurden auch andere Ideen zur Natur der Allgemeinen Atmosphärischen Zirkulation (AAZ) geprüft.

3.2 Analyse von Datensätzen

Nachweis und Theorie der Veränderlichkeit im Klimasystem müssen auf der Analyse von Zeitreihen beruhen. Daten für den Zeitbereich der letzten Million Jahre sind nur durch indirekte Erschließung, wie z. B. aus der Analyse von Bohrkernen, zu gewinnen. Ungenauigkeit der Datierung und relativ geringe zeitliche Auflösung sind hier zentrale Probleme. Direkte Messungen der Temperatur in Bodennähe sind für einige Jahrhunderte verfügbar, so daß für diese Zeitspanne relativ genaue und detaillierte Zeitreihen vorliegen. SCHÖNWIESE (1983, 1984) hat Abschätzungen der nordhemisphärischen Mitteltemperatur, die auf solchen Zeitreihen beruhen, einer statistischen Analyse unterzogen. Ziel war es, eine Verbindung zwischen diesen Temperaturen und äußeren Einflüssen herzustellen, wozu insbesondere die Vulkantätigkeit und die solare Aktivität zu zählen sind. Zur Erfassung des vulkanischen Einflusses wurde eine neue Zeitreihe entwickelt (BISSOLLI, 1985; SCHÖNWIESE, 1986). Dabei erwies sich das vulkanische Signal als signifikant mit Temperaturschwankungen korreliert, wenn die Periode länger als 30 Jahre ist, während solaren Einflüssen wenig Bedeutung beizumessen ist. Ein besonders treffender Nachweis für den Einfluß der Vulkantätigkeit auf die Lufttemperaturen gelang LABITZKE und NAUJOKAT (1983), die zeigen konnten, daß die großen Aerosolmengen, die durch den Ausbruch des El Chichón im April 1982 in die mittlere Stratosphäre gelangt waren, dort zu einer Erwärmung geführt hatten, die zeitweilig mehr als drei Standardabweichungen über dem langjährigen Mittel lag. In Abbildung 3.1 ist das zonale Mittel der 30-hPa-Temperatur im Juli für verschiedene Breiten gezeigt. Man sieht, daß der Ausbruch des El Chichón einen ähnlichen Effekt hervorrief wie der des Agung in Indonesien im März 1963.

Für die letzten dreißig Jahre liegen durch Radiosondenaufstiege und Satellitenbeobachtungen Daten in solchem Umfang vor, daß an sehr detaillierte Analysen der zeitlichen und räumlichen Struktur der klimatischen Veränderlichkeiten herangegangen werden kann. Man kann sich nun für die Verteilung der klimatischen Veränderlichkeit in der freien Atmosphäre über den gesamten Globus hin interessieren. Wo ist die Veränderlichkeit am größten? Wie ist sie an die Wellenbewegungen in der Atmosphäre geknüpft? Eine erste, etwas grobe Abschätzung findet man in Abbildung 3.10, in welcher die Varianz der langsamen Schwankungen der geostrophischen Stromfunktion im 500-hPa-Niveau aufgetragen ist (EGGER und SCHILLING, 1983). Man wählt für solche Studien gern die 500-hPa-Fläche, da die Verhältnisse in dieser Fläche als repräsentativ für ein vertikales Mittel über die gesamte Troposphäre gelten können. Man erkennt Maxima der Varianz über den Weltozeanen in mittleren Breiten. Typische Amplituden

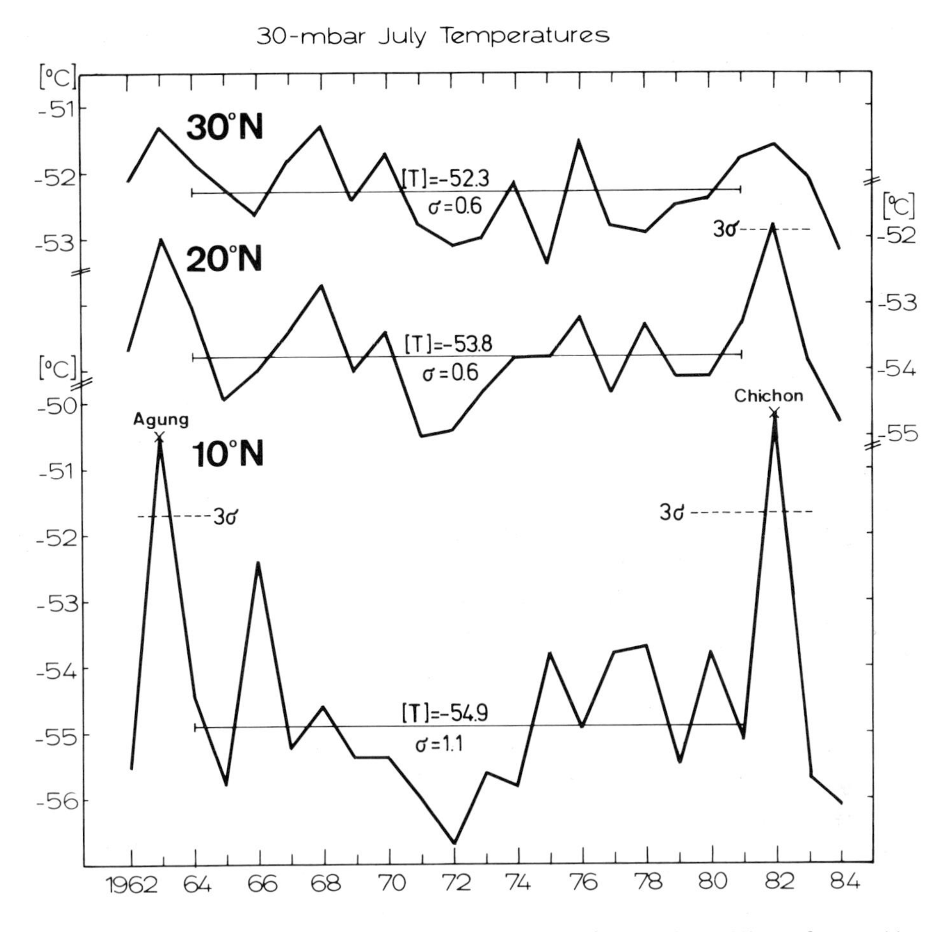

Abb. 3.1. Zonal gemittelte Temperaturen im Juli (1962 bis 1984) für das 30-hPa-Niveau für verschiedene Breiten. σ ist die Standardabweichung der Julimittel (nach LABITZKE und NAUJOKAT, 1983).

sind von der Ordnung 100 gpm für das Geopotential. Dies heißt, daß die langsame Veränderlichkeit der Höhe der 500-hPa-Fläche einen starken Beitrag zur gesamten Veränderlichkeit dieser Fläche liefert. Aus Abbildung 3.10 läßt sich jedoch nicht entnehmen, welche atmosphärischen Bewegungsmoden die langsame Veränderlichkeit prägen. Um diese Fragen zu beantworten, haben FRAEDRICH und BOETTGER (1978, 1980) die Technik der Fourier-Transformation in Raum und Zeit gewählt. Es wurden die täglichen Analysen der Höhe der 500-hPa-Fläche herangezogen, die der Deutsche Wetterdienst anfertigt. Diese wurden einer räumlichen Fourier-Transformation längs des Breitenkreises und einer zeitlichen unterworfen. Das Resultat ist in Abbildung 3.2 für 50^0N wiedergegeben. Es zeigt sich, daß langsame Veränderlichkeit (Perioden > 10d) fast ausschließlich an die größten planetarischen Bewegungsmoden geknüpft ist (zonale Wellenzahl < 4), wohingegen Bewegungen mit kürzeren Perioden höhere zonale Wellenzahlen ($\geq$ 5) aufweisen. Man darf daraus schließen, daß die klimatische Veränderlichkeit in der 500-hPa-Fläche fast ausschließlich an planetarische Bewegungsmoden gekoppelt ist, so daß man sich die in Abbildung 3.10 gezeigte Varianz als durch wenige großräumige Wellenmoden verursacht denken muß.

SPETH und MADDEN (1983) haben ähnliche Analysen für verschiedene Breitenkreise durchgeführt und sind weitgehend zu demselben Schluß gekommen. Zusätzlich konnten sie das Auftreten einzelner planetarer Wellentypen direkt nachweisen. So zeigt Abbildung 3.3 die Amplitude von Rossby-Wellen der zonalen Wellenzahl 1, wie sie sich bei Perioden um 16 Tage und um fünf Tage finden.

Da bei der Technik der Fourier-Analyse lokal bedingte Ausprägungen der langsamen Veränderlichkeit verwischt werden, hat FECHNER (1982) eine Klimatologie der Veränderlichkeit der Höhe der 500-hPa-Fläche erstellt, die auf einer Entwicklung der Analysen des Deutschen Wetterdienstes nach natürlichen Orthogonalfunktionen beruht. Bei dieser Methode werden räumliche Zusammenhänge stark hervorgehoben. Abbildung 3.4 zeigt die erste Orthogonalfunktion, die den größten Anteil an der Varianz der Höhe der 500-hPa-Fläche hat. Sie ist durch gegensinnige Zentren über Skandinavien und Nordostkanada gekennzeichnet. Die Autokorrelation dieser Orthogonalfunktion zeigt auch für Zeitverschiebungen, die größer als zehn Tage sind, also im Bereich der langsamen Veränderlichkeit, noch signifikant positive Werte, so daß das von FECHNER gefundene Muster in Abbildung 3.4 auch Teil der klimatischen Dynamik der Atmosphäre ist.

Die Veränderlichkeit in der Stratosphäre und der gesamten Mittleren Atmosphäre (MADDEN und LABITZKE, 1981; LABITZKE, 1981) ist stark durch die Kopplung mit der Troposphäre geprägt. Sind es doch die langsamen planetarischen Wellen in der Troposphäre, die in die Stratosphäre dringen können, während dies troposphärischen Wellenmoden mit höheren zonalen Wellenzahlen nicht gelingt. Entsprechend haben LABITZKE und Mitarbeiter (LABITZKE und GORETZKI, 1982) den zeitlichen Verlauf von Kenngrößen für die stratosphärische Zirkulation aufgezeichnet, die sowohl die Intensität der planetarischen Wellen in der Stratosphäre beschreibend umfassen als auch den zonal gemittelten Zustand charakterisieren. Der entsprechende Katalog erlaubt es, Verbindungen zwischen der Ausprägung einzelner Wellenkomponenten und dem Auftreten „plötzlicher stratosphärischer Erwärmungen“ herzustellen. Auch ergeben sich Hinweise auf eine Koppelung der stratosphärischen Zirkulation in mittleren und hohen Breiten mit jener quasi zweijährigen Oszillation, die ihrerseits im tropischen Bereich stark ausgeprägt ist. Es wird deutlich, daß die Dynamik der Stratosphäre weitgehend durch Vorgänge mit langsamer Veränderlichkeit geprägt ist.

So nützlich und aufschlußreich die beschriebenen Analysen der „klassischen“ Variablen Druck und Temperatur auch sind, so muß man sich doch im klaren sein, daß das Klimasystem und seine Variabilität mit diesen Variablen allein nicht beschrieben werden kann. So spielt die Bewölkung im Strahlungshaushalt und im hydrologischen Zyklus eine überragende Rolle, und entsprechend sollten den Analysen von Druck und Temperatur solche der Bewölkung an die Seite treten. Daran ist momentan noch nicht zu denken. Hat man doch erst seit einigen Jahren Satellitendaten von einer Qualität, die einen an die Erstellung einer entsprechenden Klimatologie herangehen läßt. Ein zusätz-

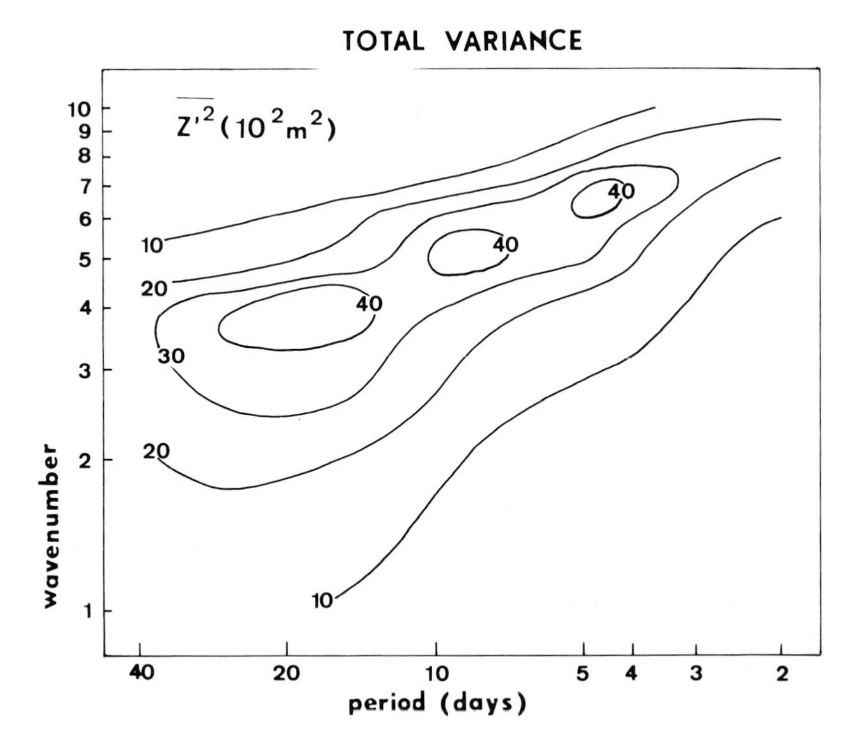

Abb. 3.2. Gesamte Varianz der Höhenänderung der 500-hPa-Fläche in 50°N als Funktion der Schwingungsperiode und der zonalen Wellenzahl (nach FRAEDRICH und BOETTGER, 1978).

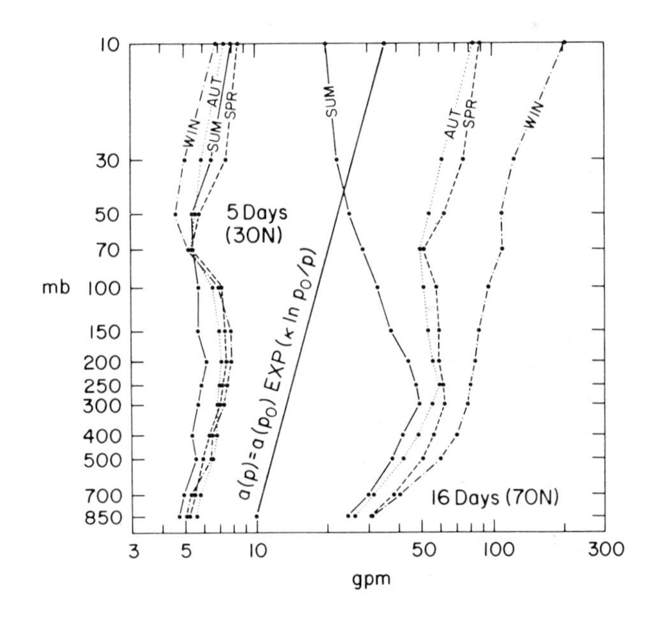

Abb. 3.3. Amplitude der westwärts wandernden Welle mit der zonalen Wellenzahl 1, zentriert bei einer Periode von 16 Tagen (rechts) in 70°N und bei einer Periode von fünf Tagen (links) in 30°N. In der Mitte ist zum Vergleich die vertikale Struktur einer Lamb-Welle hinzugefügt (nach SPETH und MADDEN, 1983).

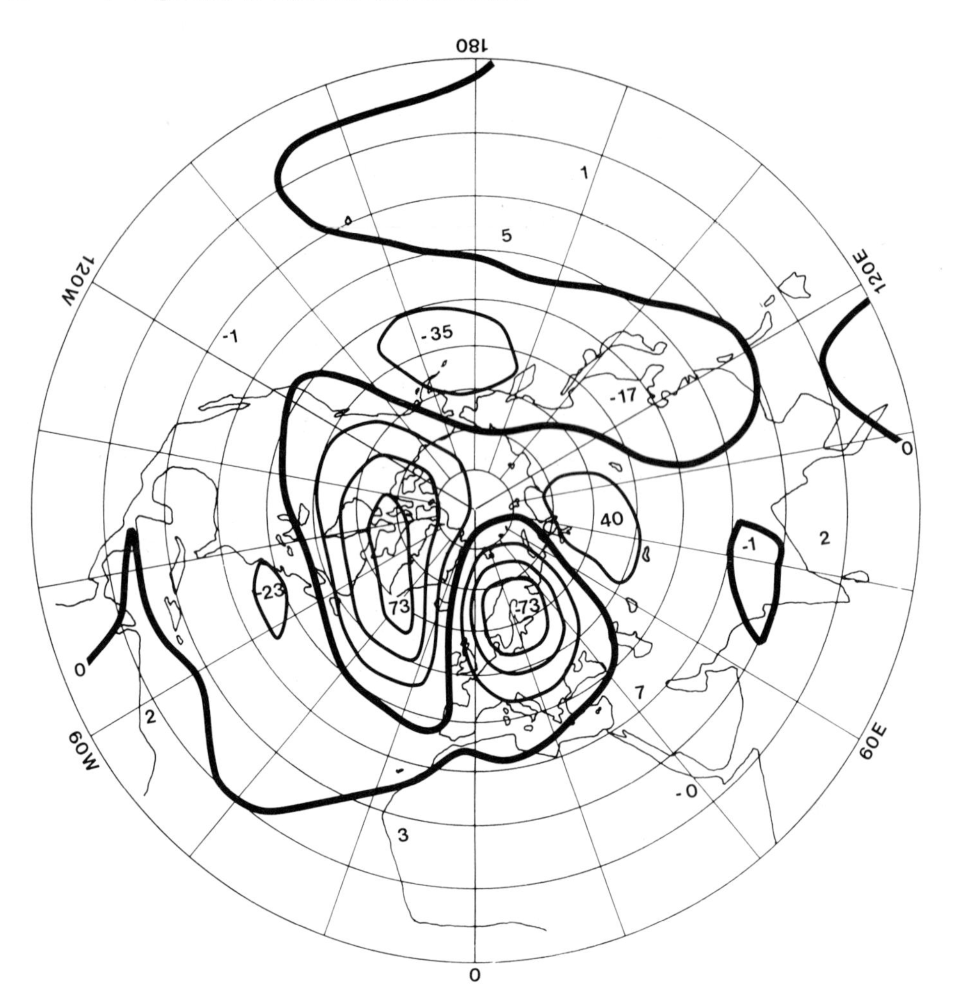

Abb. 3.4. Erste natürliche Orthogonalfunktion der Abweichung des Geopotentials der 500-hPa-Fläche vom Jahresgang in gpm (aus FECHNER, 1982).

liches Problem stellt die Umsetzung von Satellitendaten in Aussagen über Bewölkung dar. Im Rahmen des Schwerpunktprogramms haben sich SIMMER, RASCHKE und RUPRECHT (1982) diesem Problem zugewandt. Zunächst stehen Strahldichtemessungen im solaren (VIS) und infraroten (IR) Bereich zur Verfügung. Abbildung 3.5 zeigt ein Histogramm für solche Messungen, wie sie in einem Quadrat von 2.5° · 2.5° vor der Küste Südamerikas gewonnen wurden.

Das Problem besteht nun darin, bei Kenntnis der Oberflächentemperatur des Meeres und einiger atmosphärischer Kenngrößen aus diesen Histogrammen Aussagen über Art und Verteilung der Bewölkung abzuleiten.

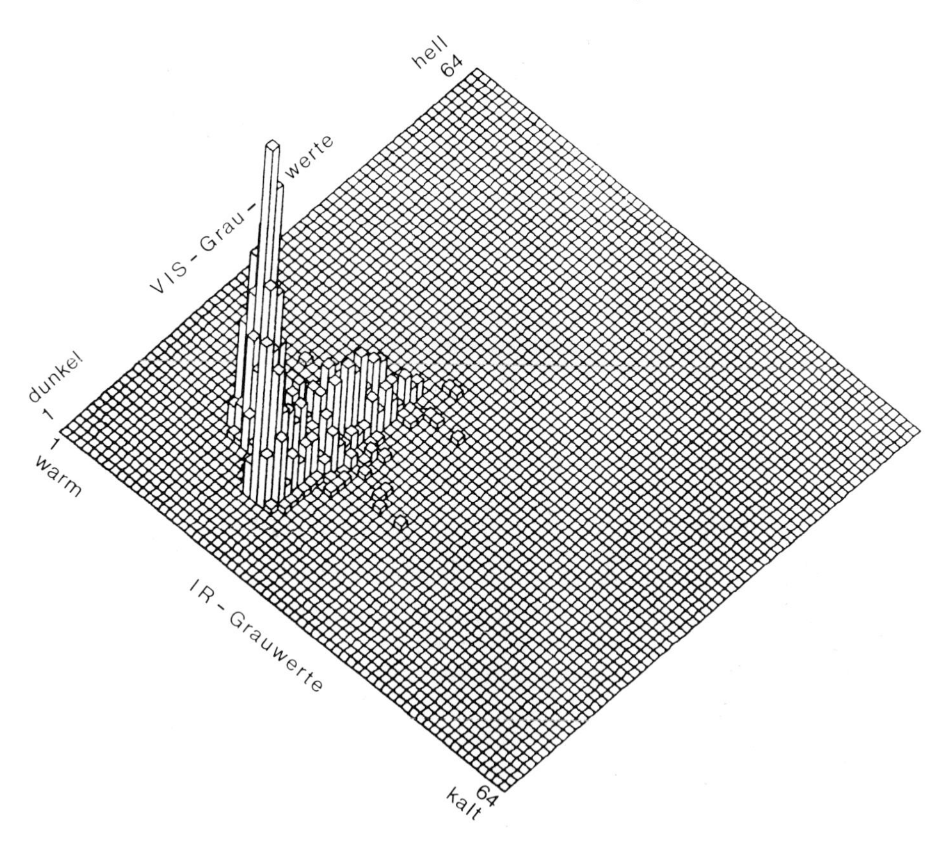

Abb. 3.5. Zweidimensionales Histogramm der Strahldichtemessungen im solaren (VIS) und infraroten (IR) Bereich, wie sie für optisch dünne Wolken über dem Ozean und über Land typisch sind (nach SIMMER, RASCHKE und RUPRECHT, 1982).

Im Schwerpunktprogramm wurde eine neuartige Methode entwickelt, bei der die Signale geeignet zu Wolkengruppen zusammengefaßt werden. Diese Methode wird die Basis für eine globale Klimatologie der Bewölkung liefern. Die Bewölkung ist mit der Vertikalbewegung in der Atmosphäre verknüpft, die eine wichtige Rolle bei der Bilanzierung der Energie der AAZ spielt. LORENZ (1955) hat in seiner Arbeit über den Energiezyklus darauf hingewiesen, daß die Korrelation von Temperatur und Vertikalbewegungen für das Verständnis der AAZ von fundamentaler Bedeutung ist, wie sich überhaupt durch Betrachtung des Energiehaushaltes der AAZ Aufschlüsse gewinnen lassen. DEFANT et al. (1979) sowie SPETH und Mitarbeiter (SPETH, 1978a, 1978b; SPETH und OSTHAUS, 1980; SPETH und FRENZEN, 1982; SPETH und PONATER, 1982; PONATER und SPETH, 1984) haben Analysen des Deutschen Wetterdienstes herangezogen, um diese Korrelation und andere Energieumsetzungen zu bestimmen und so das Lorenzsche Gebäude abzusichern.

3.3 Theoretische Studien der klimatischen Veränderlichkeit

Die Problemkreise „Sensitivität", „Blockierende Wetterlagen" und das übergeordnete Problem der klimatischen Veränderlichkeit können weitgehend mit demselben Instrumentarium theoretischer Methoden angegangen werden. Man bedient sich auf der einen Seite stark vereinfachter Modelle der Vorgänge in der Atmosphäre, die einem das physikalische Verständnis der Prozesse erschließen sollen, deren Aussagekraft aber durch eben diese Vereinfachungen eingeschränkt ist. Auf der anderen Seite werden Modelle der AAZ und der Ozeane eingesetzt, die auf eine möglichst komplette Erfassung aller Vorgänge im System hinzielen. Der Einsatz solcher Modelle erfordert eine massive Nutzung von Großrechnern.

3.3.1 Sensitivität

Die Frage nach der Reaktion der AAZ auf Anomalien der Oberflächentemperatur des Meeres ist eines der zentralen Sensitivitätsprobleme der Klimaforschung. Schließlich können solche Anomalien Lebensdauern von einigen Monaten haben, und man muß daher eine Reaktion der Atmosphäre erwarten, die das Wetter über Monate hin prägen kann. Diese Frage ist international stark diskutiert worden. Dabei ist die Frage nach der Signifikanz zentral für dieses Forschungsfeld. Die Effekte, die durch solche Anomalien ausgelöst werden, sind relativ schwach und schwer zu orten, da sowohl die Atmosphäre selbst als auch Modellatmosphären von General Circulation Models (GCM) eine ausgeprägte Variabilität aufweisen, die sich der durch das Meer aufgeprägten Reaktion überlagert.

International wurde und wird immer noch dieses Signifikanzproblem mit der Methode der vielen simultanen, univariaten Tests behandelt, obwohl dies ein statistisch zweifelhaftes Unterfangen darstellt (HASSELMANN, 1979; STORCH, 1982). Als methodisch überlegenes Verfahren wurde in Hamburg eine Strategie entwickelt, die auf einer drastischen Reduktion der Freiheitsgrade und der Durchführung eines multivariaten statistischen Tests beruht. Die Anwendbarkeit dieses Verfahren wurde anhand einer Reihe von Sensitivitätsexperimenten mit mehreren GCMs demonstriert, wobei die Wirkung tropischer und extratropischer SST-(Sea Surface Temperature-)Anomalien simuliert wurde. Dabei erwies sich das durch extratropische SST-Anomalien induzierte Signal als zwar statistisch von Null verschieden, aber als physikalisch eher irrelevant (HANNOSCHÖCK, 1984; HANNOSCHÖCK und FRANKIGNOUL, 1985). Ganz anders verhalten sich die „El Niño"-Anomalien im zentralen und östlichen äquatorialen Pazifik mit maximalen Amplituden bis 6K. Diese prägen der nordhemisphärischen Zirkulation stabile Anomalien auf, die sowohl in der Atmosphäre (STORCH, 1984b; HENSE, 1986) als auch in entsprechenden GCM-Experimenten (STORCH und KRUSE, 1985) nachgewiesen werden können.

Anomalien der Verteilung des Meereseises sind im wesentlichen durch Anomalien der atmosphärischen Zirkulation verursacht. Abbildung 3.6 zeigt die Intensität der Anfachung $\hat{F}$ von Anomalien der Eisbedeckung durch die Atmosphäre aufgeteilt nach Längensektoren.

Diese ist gerade im Bereich der Davis-Straße recht stark. Dagegen sind die Rückstellzeiten τ_e für die Anomalien etwas gleichmäßiger auf die Sektoren verteilt. Die Rückkoppelung der Eisverteilung mit der Atmosphäre dürfte demgegenüber von geringerer Bedeutung sein, zumindest solange man sich auf relativ kurzfristige Schwankungen der Eisbedeckung beschränkt. Dies gilt sicher nicht für längere Zeitskalen, wie sie den Eiszeiten zuzuordnen sind, worauf insbesondere BUDYKO (1969) hingewiesen hat. Im Rahmen eines stark vereinfachten, eindimensionalen Modells des Klimasystems konnte er die Existenz zweier Gleichgewichtszustände nachweisen, die beide durch die Koppelung von Atmosphäre und Eisbedeckung bedingt sind. Der eine entspricht etwa den heutigen Bedingungen, der andere einer totalen Vereisung der Erde. Fußend auf Budykos Ansatz konnte FRAEDRICH (1979) im Rahmen der Arbeit des Schwerpunktprogramms durch weitere Vereinfachung die mathemathische Struktur des Problems klarstellen.

Die Gebirge der Erde bestimmen einen wesentlichen Teil der unteren Randbedingungen für eine theoretische Behandlung der AAZ. Ein Aspekt dieses Problems hat während der Laufzeit des Schwerpunktprogramms durch die vielbeachtete Arbeit von

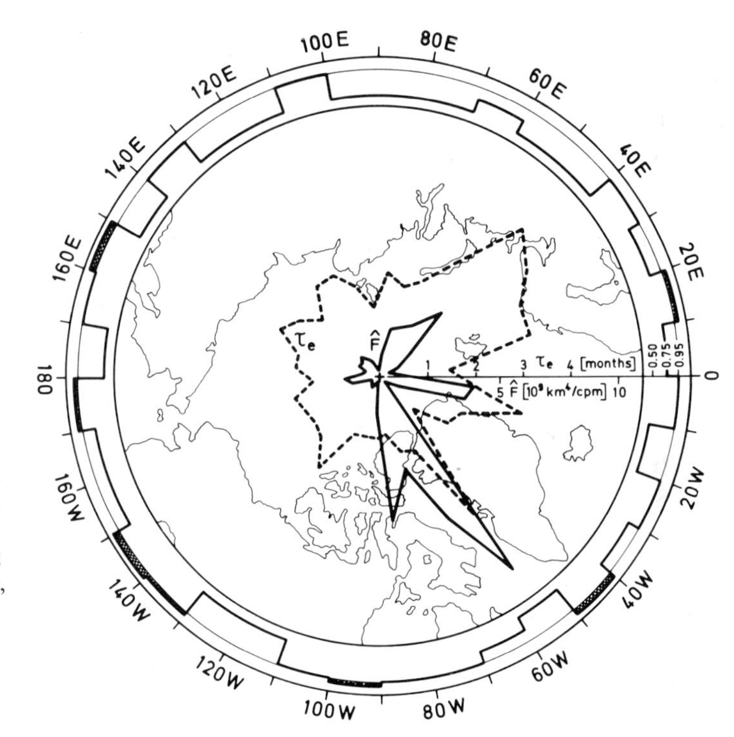

Abb. 3.6. Sektorale Verteilung der Anpassungsparameter (einfaches Modell) für die Anomalien der Eisbedeckung in der Arktis. Der Parameter $\hat{F}$ beschreibt die Anregung durch die Atmosphäre, dagegen gibt τ_e die Zeit an, die Anomalien brauchen, um sich zurückzubilden (aus LEMKE, 1980).

CHARNEY und DEVORE (1979) eine zentrale Bedeutung gewonnen. Danach wird bei blockierenden Wetterlagen der gesamte zonale Drehimpuls der Zirkulation der Nordhemisphäre durch Wechselwirkung mit der Orographie stark herabgesetzt. Zu diesem Punkt konnte FISCHER (1980) nachweisen, daß sich bei barotroper (keine vertikale Scherung), reibungsfreier Strömung über einen Gebirgszug mit vorgegebener Wellenlänge eine periodische Schwankung des Drehimpulses ergibt. Dieses periodische Verhalten geht, wie EGGER und METZ (1981) demonstriert haben, verloren, sobald kompliziertere orographische Profile ins Auge gefaßt werden. Dann muß mit dem Erreichen eines Grenzzustandes für den Impuls gerechnet werden – ein Resultat, das nicht für die Theorie von CHARNEY und DEVORE (1978) spricht.

Ein spezielles Problem stellt die numerische Erfassung einzelner Hindernisse dar. SCHMIDT (1981) hat in diesem Zusammenhang die Technik der spektralen Fokussierung entwickelt, die es gestattet, die Strömung in der Nähe eines einzelnen Gebirgsmassivs stark aufzulösen und doch die globale Änderung des atmosphärischen Zustandes durch die Gebirge wenigstens grob zu erfassen. Abbildung 3.7 zeigt die Anregung von verwirbelten Bewegungen durch ein Gebirge in 45°N, die bis in die Südhemisphäre hinein spürbar werden können. Wiewohl ein Teil der in Abbildung 3.7 gezeigten Muster aufgrund linearer Theorien verstanden werden kann, so haben doch SCHMIDT (1982) und EGGER (1984) darauf hingewiesen, daß lineare Theorien in der Nähe von großen orographischen Hindernissen grob versagen können.

3.3.2 Blockierung

Blockierende Wetterlagen sind für das Klima gerade Mitteleuropas von fast prägender Bedeutung. Es bildet sich dabei zumeist über dem östlichen Atlantik eine Hochdruckzelle von erstaunlich großer Lebensdauer (typisch 10 bis 14 Tage) aus, welche Tiefdrucksysteme, die von Westen her sich auf das Hoch zubewegen, ablenkt (blockiert) und somit Mitteleuropa eine verhältnismäßig stabile Witterung beschert. In Abbildung 3.8 ist die Abweichung der Stromfunktion in 500 hPa vom klimatologischen Mittel während Blockierungen im Atlantik gezeigt. Deutlich erkennt man das blockierende Hoch bei 30°W, 50°N. Eine ähnliche Situation findet man vor allem auch im östlichen Pazifik. Durch ihre hohe Lebensdauer gehören blockierende Lagen bereits in den Bereich der klimatischen Veränderlichkeit. SPETH und MEYER (1984) haben den Beitrag planetarischer Wellen zu blockierenden Strömungsmustern eingehend untersucht. Es ergab sich, daß Wellen mit zonalen Wellenzahlen ≤ 4 einen dominanten Beitrag leisten. Zur Erklärung des Phänomens wurden im Schwerpunktprogramm eine Reihe von Mechanismen vorgeschlagen. Nach EGGER (1978, 1979) hat man in blockierenden Hochs die Einwirkung einer ortsfesten Anfachung, wie sie etwa Orographie darstellen kann, auf Rossby-Wellen zu sehen, wobei sich der Block dann durch nichtlineare Wechselwirkung aus langsamen Moden aufbaut. Diese Rechnungen fußen auf dem barotropen Modell, in dem Temperaturkontraste keine Rolle spielen. SCHILLING (1982, 1984) konnte dem-

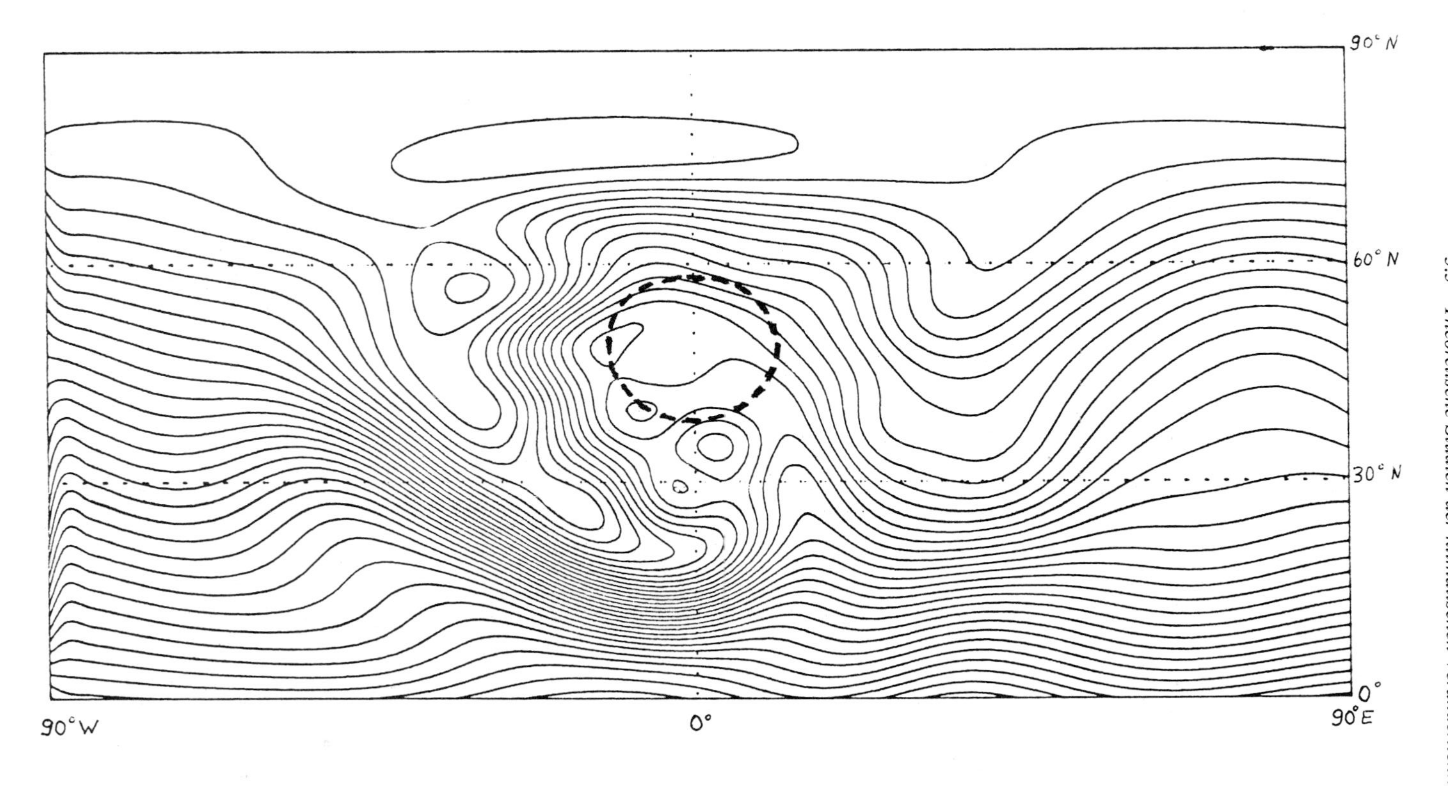

Abb. 3.7. Stromlinien in der 750-hPa-Fläche (dimensionslose Einheiten), wie sie sich bei Umströmung eines Berges (Umfang gestrichelt) ergeben, dessen Höhe ein Drittel der gesamten Tiefe der Modellatmosphäre beträgt. Mercatorprojektion, Ausschnitt (90°W - 90°E) (nach SCHMIDT, 1982).

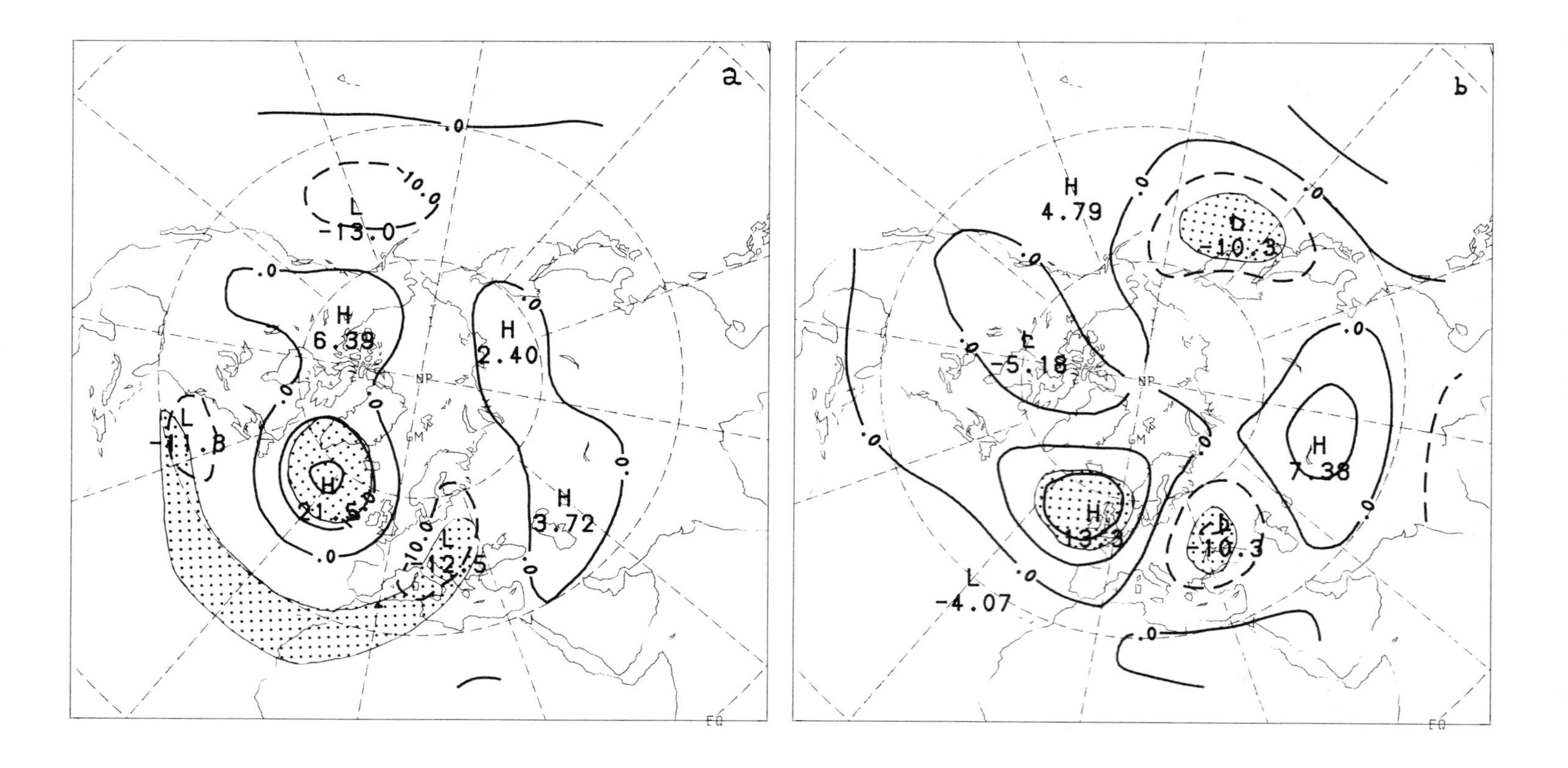

Abb. 3.8. Anomalien der Stromfunktion (10^6 m^2 s^{-1}) in 500 hPa während (a) blockierender Lagen (ca. sechs Winter) und (b) in dem linearen Modell mit vorgegebenen Wechselwirkungen (nach METZ, 1985).

gegenüber zeigen, daß barokline Umsetzungen von Energie, also solche, die im wesentlichen von der Existenz des Süd-Nord-Gefälles der Temperatur herrühren, bei Blockierungen eine zentrale Rolle spielen können.

Der Ansatz von EGGER (1978) wurde durch METZ (1985) stark modifiziert. Fußend auf dem Konzept von EGGER und SCHILLING (1983, 1984), wonach langsame planetarische Bewegungen durch das kleinräumige Wettergeschehen angeregt werden, konnte METZ (1985) in der Tat zeigen, daß in einer barotropen planetarischen Zirkulation, in der die Wechselwirkung der größten Strömungsmoden mit kleineren Wirbeln, wie etwa Tiefdruckgebieten, gemäß den Beobachtungen vorgeschrieben sind, sich blockierende Lagen bilden, deren Charakteristika recht gut mit denen beobachteter Blockierungen übereinstimmen. Anhand von Abbildung 3.8a läßt sich ein Mittel über alle beobachteten Blockierungen über dem Atlantik in den Wintern (1967 bis 1976) vergleichen mit dem Mittel der Modellblockierungen (Abb. 3.8b), wie es sich bei Vorgabe der Wechselwirkung im selben Zeitraum ergibt. Offensichtlich ist die Theorie in der Lage, Ort und Intensität der Blockierungen gut nachzubilden, wenn auch die Amplitude der simulierten Hochdruckgebiete etwas zu niedrig ausfällt. Es ist zu schließen, daß Blockierungen in der Tat durch die Wechselwirkung planetarischer Wellen mit Wettersystemen im kleineren Scale hervorgerufen werden können. Dieses Resultat fand eine Bestätigung durch die Modellanalysen, die FISCHER (1984) in Zusammenarbeit mit LIERMANN am Hamburger Institut ausgeführt hat. Dieser Studie liegt ein Modellauf zugrunde, bei dem das Hamburger GCM über 300 Januartage hinweg integriert wurde. Es traten dabei acht Blockierungen auf. Abbildung 3.9 zeigt die Abweichung des Geopotentials der 500-hPa-Fläche vom Mittel über 300 Tage während der Reifephase der Blockierungen, gemittelt über sechs Fälle.

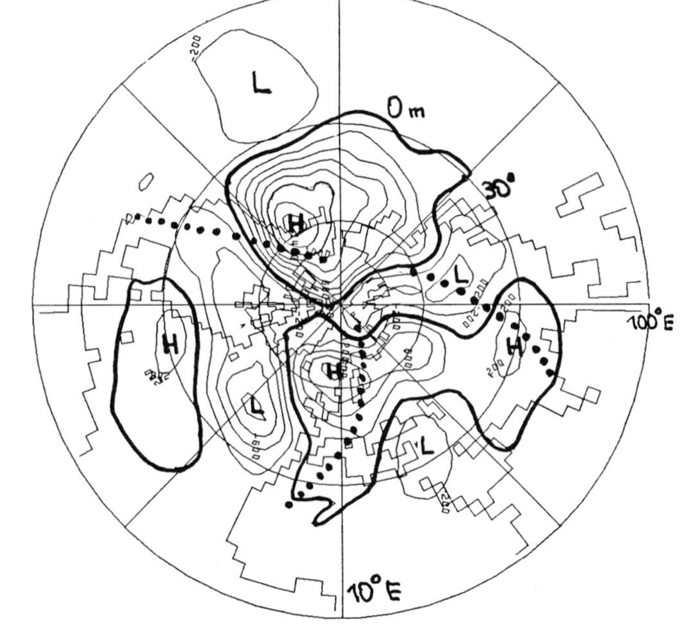

Abb. 3.9. Anomalien der Höhe der 500-hPa-Fläche gemittelt über sechs Blockierungsereignisse und die ersten fünf Tage der Blockierung. Isohypsenabstand 20 m; die dick gepunkteten Linien markieren die stationären Rücken (nach FISCHER, 1985).

Man sieht durch Vergleich mit Abbildung 3.8, daß das Modell in der Lage ist, recht realistische Strömungskonfigurationen zu erzeugen. Unter diesen Umständen schien eine detaillierte Analyse angebracht. Es zeigte sich, daß die sehr langen, planetarischen Wellen ihre kinetische Energie zum großen Teil aus der Wechselwirkung mit kurzen Wellen beziehen. Dies stimmt mit dem Metzschen Resultat überein. Ferner tragen in den Modelläufen die planetarischen Wellen stark zum Erscheinungsbild der blockierenden Hochs in Übereinstimmung mit den Beobachtungen bei (SPETH und MEYER, 1984). Doch darf umgekehrt nicht daraus geschlossen werden, daß die erwähnte Wechselwirkung der einzige bedeutende Anregungsmechanismus für Blockierungen ist. SCHILLING (1986) konnte überzeugend demonstrieren, daß bei Blockierungen barokline Umsetzungen gerade bei den planetarischen Wellen eine wichtige Rolle spielen können. Eine diagnostische Studie der Energetik von Blockierungen von PONATER (1985) spricht ebenfalls dafür, daß mehrere Mechanismen bei der Blockierung wirksam sind. Dabei haben sich barokline Prozesse als bedeutender erwiesen als die nichtlinearen barotropen Wechselwirkungen.

3.3.3 Langzeitvariabilität

Die bereits erwähnten Datenanalysen atmosphärischer Bewegungen nach Frequenz und Intensität (z. B. FRAEDRICH und BOETTGER, 1978) haben eindeutig die Wichtigkeit und Stärke der langzeitlichen Variabilität der Atmosphäre belegt. Diese Resultate verlangen eine Erklärung. Dazu haben sich zwei Hypothesen herausgebildet. Man vermutet einerseits, daß die Langzeitvariabilität durch langsame Veränderungen der Randbedingungen für die Atmosphäre hervorgerufen wird. Langsame Variationen der Meerestemperatur oder der Eisbedeckung müssen von entsprechend langsamen Reaktionen der Atmosphäre begleitet sein, die dann registriert werden. In diesem Sinne ist das Problem der Langzeitvariabilität eng mit dem der Sensitivität verknüpft. Doch wurde gerade im Schwerpunktprogramm auch die zweite Hypothese geprüft, daß sich die langsame Veränderlichkeit nämlich weitgehend als Folge der inneren Dynamik der Atmosphäre verstehen läßt (EGGER und SCHILLING, 1983, 1984). Ausgehend von dem Befund, daß die langsame Veränderlichkeit bei planetarischen Bewegungsmoden konzentriert ist, haben EGGER und SCHILLING die Vorstellung entwickelt, daß rasch ziehende, relativ kleinskalige Tiefdruckgebiete planetarische Strömungsmuster mit langsamer Veränderlichkeit aufbauen können. Diese Vorstellung wurde unter Heranziehung des in der Atmosphäre beobachteten Transfers von Energie zwischen schnellen und langsamen Bewegungen getestet. In Abbildung 3.10b ist das Ergebnis der theoretischen Untersuchungen zum Vergleich mit Beobachtungen in Abbildung 3.10a dargestellt.

Es zeigt sich, daß ein guter Teil der beobachteten Varianz sich als Reaktion der planetarischen Moden auf die weitgehend stochastische Anregung durch kleinerskalige Wettersysteme deuten läßt, doch besteht kein Zweifel, daß dieser Mechanismus die Intensi-

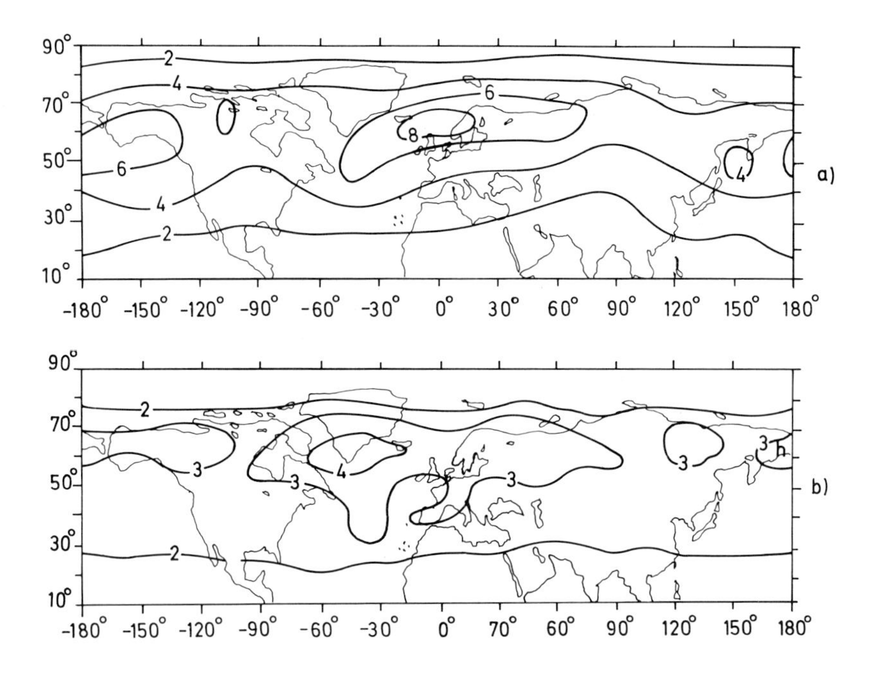

Abb. 3.10. Varianz (10^{13} m^4 s^{-2}) der langsamen Veränderungen der Stromfunktion in 500 hPa wie beobachtet (a, oben) und wie errechnet als Reaktion planetarischer Moden auf die Anregung durch kleinerskalige Wettersysteme (b, unten) (nach EGGER und SCHILLING, 1983).

tät der langsamen Veränderlichkeit nicht ganz zu erklären vermag. Hier sind nun die Randbedingungen als Quellen der langsamen Veränderlichkeit zu untersuchen.

Die Orographie kann insofern eine Rolle spielen, als die Strömungen, die auf die großen Gebirgsketten treffen, eine eigene Variabilität besitzen. Infolgedessen werden an Gebirgen Reaktionen ausgelöst, die ebenfalls zur atmosphärischen Veränderlichkeit beitragen. Entsprechende Rechnungen (EGGER, 1984) lassen jedoch vermuten, daß der Beitrag dieses orographischen Effekts gering zu veranschlagen ist. Was den Einfluß von Anomalien der Meerestemperatur angeht, so ist es wünschenswert, das System Ozean/Atmosphäre in Kopplung zu betrachten. Wohl kann man, wie im Abschnitt 3.3.1 „Sensitivität" dargelegt, die Anomalien der Meerestemperatur als gegeben betrachten und die atmosphärische Reaktion darauf bestimmen, doch ist nicht zu übersehen, daß die Atmosphäre und ihre Reaktion ihrerseits auf den Ozean zurückwirkt. Dies gilt speziell für den tropischen Ozean. Dieser Problematik, die gerade in den letzten Jahren international stark bearbeitet wurde, haben sich OBERHUBER (1984) und LATIF et al. (1985) zugewandt. Letztere untersuchten die Reaktion eines Modells für den äquatorialen Pazifischen Ozean auf die Anregung durch beobachtete Windfelder. Es zeigte sich, daß so die beobachteten Anomalien der Meerestemperatur gut beschrieben werden können. OBERHUBER hat dagegen ein gekoppeltes Modell von Ozean und Atmosphäre entwikkelt, mit dessen Hilfe sich die Entwicklung des El-Niño-Phänomens qualitativ nachvollziehen läßt. Hier hat man es mit massiven Erwärmungen des äquatorialen Pazifiks zu tun, die sich wohl nur im Rahmen eines gekoppelten Systems verstehen lassen. Es ist bekannt, daß diese Prozesse sogar die Zirkulation in mittleren Breiten beeinflussen und so einen wichtigen Beitrag zur langsamen Veränderlichkeit der Zirkulation in der Nordhemisphäre leisten (v. STORCH und KRUSE, 1985).

Es darf jedoch nicht übersehen werden, daß die Behandlung der Dynamik der Atmosphäre in den hier besprochenen theoretischen Arbeiten bewußt einfach gehalten wurde, um eine entsprechende Analyse zu erleichtern. So nützlich ein solches Vorgehen in vielerlei Hinsicht ist, so muß man doch in Kauf nehmen, daß viele Prozesse, deren Wichtigkeit im Rahmen der AAZ unbestritten ist, nur schlecht oder gar nicht repräsentiert sind. Entsprechend war es ein Ziel im Schwerpunktprogramm, neben jenen einfachen Modellen GCMs zu entwickeln und einzusetzen, die bei der Simulation physikalischer Prozesse wesentlich stärker ins Detail gehen. Hier sind die Zirkulationsmodelle des Deutschen Wetterdienstes und der Universität Hamburg zu nennen. Ferner wird an der FU Berlin an einem entsprechenden Modell gearbeitet. Bei der Arbeit mit dem Modell des DWD wurde vor allem der Umfang der im Modell repräsentierten Prozesse erweitert. So wurde in Zusammenarbeit mit dem Meteorologischen Institut der Universität Köln ein neues Schema für Strahlungsprozesse eingearbeitet, ein separates Modell für die thermischen und hydrologischen Prozesse im Erdboden entwickelt und eine neue Parametrisierung für Schichtwolken erprobt. Als Beispiel für die Leistungsfähigkeit des Modells sei Abbildung 3.11 gezeigt.

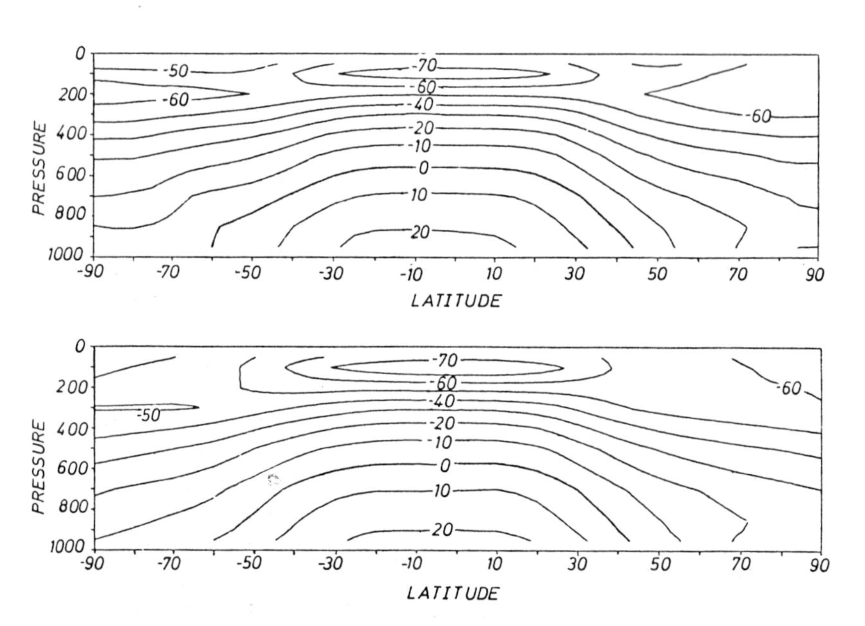

Abb. 3.11. Meridionalschnitt der zonal gemittelten Temperatur im Januar. Oben: Simulationsexperiment; unten: Beobachtungen (nach HENSE und HEISE, 1984).

Hier wird die zonal gemittelte Temperatur im Januar, wie sie sich im Modell hat errechnen lassen, der beobachteten Mitteltemperatur gegenübergestellt. Die Übereinstimmung ist speziell in den Tropen in allen Niveaus sehr gut, insbesondere ist die Lage der Tropopause durch das Modell sehr gut erfaßt. Auch in mittleren und hohen Breiten ist die Simulation erfolgreich, sieht man von den Abweichungen in der Stratosphäre ab, wo das Modell durchweg zu niedrige Temperaturen liefert. Das an der Universität Hamburg entwickelte Modell wurde sowohl bei den Sensitivitätsexperimenten (v. STORCH, 1982) als auch bei Blockierungsproblemen (FISCHER, 1985) eingesetzt. Die Resultate sind im entsprechenden Zusammenhang diskutiert.

3.4 Test von Theorien

Der Test theoretischer Vorstellungen und numerischer Resultate anhand von Daten stellt den endgültigen Schritt bei der Erkenntnissicherung dar. Über solche Tests wurde hier bereits im Zusammenhang mit dem Sensitivitätsproblem und der Blockierung berichtet. Darüber hinaus wurden im Schwerpunktprogramm einige Theorien und Vorstellungen einer Untersuchung unterzogen, die in der Literatur vorgeschlagen worden waren und es zu einiger Anerkennung gebracht hatten.

Wie bereits erwähnt, haben CHARNEY und DEVORE (1979) postuliert, daß während blockierender Lagen dem Westwindgürtel in der nördlichen Hemisphäre durch Wechselwirkung mit der Orographie Impuls entzogen wird – eine Vorstellung, die eine außerordentlich breite Resonanz gefunden hat. Gestützt auf Analysen des Deutschen Wetterdienstes konnte METZ (1985) die Änderung des Impulses und den Beitrag der Orographie zu diesem Prozeß für Blockierungsperioden bestimmen. Es hat sich gezeigt, daß die durch die Orographie induzierte Änderung des Impulses gering ist, so daß die Theorie von CHARNEY und DEVORE (1979) zurückgewiesen werden muß. FISCHER (1985) konnte im qualitativen Vergleich mit den Ergebnissen von METZ anhand der bereits erwähnten Modellblockierungen nachweisen, daß kurz vor Blockierungsbeginn der hemisphärisch gemittelte Drehimpuls geringfügig abnahm bei gleichzeitig negativen Werten des Gebirgsmoments.

Es ist oft vermutet worden, daß blockierende Wetterlagen die Wechselwirkung zwischen Troposphäre und Stratosphäre begünstigen. Dafür sprechen auch dynamische Argumente: Bei blockierenden Lagen sind gerade die planetarischen Wellen angeregt, und diese sind es, die für die Kopplung Stratosphäre-Troposphäre sorgen (EGGER, 1978). HARTJENSTEIN (1984) hat dementsprechend versucht, eine Korrelation zwischen Ereignissen in der Stratosphäre und Blockierungen herzustellen. Erstaunlicherweise haben sich nur schwache Anhaltspunkte für einen solchen Zusammenhang finden lassen.

Nach GREEN (1970) soll es möglich sein, die zonal gemittelten Transporte von Wärme und Impuls durch großräumige Wirbel, die in der Allgemeinen Atmosphärischen Zirkulation eine entscheidende Rolle spielen, durch den Gradienten der potentiellen Vorticity darzustellen, zu „parametrisieren." Dieser Ansatz hat oft Eingang in einfache

Zirkulationsmodelle gefunden. LEACH (1984) testete den Vorschlag von GREEN, wobei Analysen des Deutschen Wetterdienstes als Basis dienten. Auch hier war das Resultat weitgehend negativ. Eine Verwendung des Greenschen Ansatzes kann nicht empfohlen werden.

Wenn auch das Resultat dieser Nachprüfungen weitgehend negativ war, so darf man doch sagen, daß diese Tests wesentlich zur Klärung zentraler Fragen beigetragen haben. Haben doch die Vorschläge von CHARNEY und DEVORE (1978) sowie GREEN (1966) über Jahre hin die einschlägigen Diskussionen beherrscht.

Wichtiges Handwerkszeug gerade für einfache Modellierungsansätze auch im Schwerpunktprogramm war die barotrope Vorticity-Gleichung und deren Erweiterung im Zweischichtenmodell. Die Verwendbarkeit dieser Gleichungen zur Vorhersage atmosphärischer Bewegungen wurde deshalb eingehend von KRUSE und HASSELMANN (1985) sowie BRUNS (1985) getestet. Es zeigt sich, daß beide Gleichungen nicht für Vorhersagen im klimatischen Bereich, also über zehn Tage hinaus, benutzt werden können. Umgekehrt ließ sich demonstrieren, daß sich die Anfachung planetarischer Bewegungen durch nichtlineare Wechselwirkungen mit kleinerskaligen Wettersystemen gut durch die barotrope Vorticity-Gleichung beschreiben läßt (EGGER und SCHILLING, 1984).

3.5 Literatur

(soweit nicht aus dem Schwerpunktprogramm hervorgegangen)

BUDYKO, M. (1969): The effect of solar radiation variations on the climate of the earth. Tellus *21,* 611–613.

CHARNEY, J.; DEVORE, J. (1979): Multiple flow equilibria in the atmosphere and blocking. JAS *36,* 1205–1246.

GREEN, J. (1970): Transfer properties of large-scale eddies and the general circulation of the atmosphere. Q. J. Roy. Met.Soc. *96,* 157–185.

LORENZ, E. (1955): Available potential energy and the maintenance of the general circulation. Tellus *7,* 157–167.

4 Ergebnisse im Teilbereich „Mesoskaliges Klima“

4.1 Einführung

Die mesoskalige Klimatologie umfaßt die meteorologischen Vorgänge im regionalen Bereich. Hierzu tragen solche Prozesse bei, deren räumliche Ausdehnung in dieser Größenordnung liegt und die durch Instabilitätsprozesse innerhalb der Atmosphäre entstehen. Bedeutsamer für die Variabilität der Klimavariablen in der Mesoskala sind jedoch die Einflüsse, die über die unterschiedlich gestaltete Erdoberfläche als Randbedingung für den Impuls, die Energie und den Massenaustausch - hier insbesondere die Verdunstung - wirksam sind. Horizontale Gegensätze wie die Land-Meer-Verteilung, Gebirgsvorland und Hochgebirge oder verschieden hoch liegende Energieumsatzflächen, wie in der Mittelgebirgslandschaft, führen zur Ausbildung von Differenzierungen des regionalen Klimas.

Ziel der Arbeiten war es,

- durch geeignete Meßprogramme die auftretenden Phänomene mit ihren physikalischen Zusammenhängen zu erfassen,
- numerische Simulationsmodelle zu entwickeln,
- Modellsimulationen anhand der Beobachtungen zu überprüfen.

Besondere Anstrengungen mußten für die Durchführung der Meßprogramme unternommen werden. Allein die räumliche Ausdehnung der mesoskaligen Vorgänge macht es unmöglich, daß eine einzige Arbeitsgruppe allein die erforderlichen Meßdaten ermitteln kann. Nur durch eine enge Kooperation vieler Arbeitsgruppen konnten die notwendigen experimentellen Arbeiten durchgeführt werden.

Die Experimente mit den Namen MESOKLIP, DISKUS, PUKK und MERKUR stellen die im Schwerpunktprogramm durchgeführten Feldmeßprogramme zu den mesoskaligen Vorgängen dar.

Neben den methodischen Arbeiten widmeten sich die numerischen Simulationsstudien vorwiegend den in den Meßprogrammen erfaßten Phänomenen. Allerdings mußte zu Beginn zunächst das Hauptgewicht auf die Entwicklung von mesoskaligen Modellen gelegt werden. Erst danach konnte die modellmäßige Behandlung beobachteter Phänomene aufgegriffen werden.

4.2 Die Feldexperimente

4.2.1 MESOKLIP

Das Experiment MESOKLIP (**Meso**skaliges **Kli**ma**p**rogramm im Oberrheingraben) stellte das erste gemeinsame Feldmeßprogramm innerhalb des Schwerpunktprogramms dar. Es verfolgte die folgenden Ziele:

- Erfassung des dynamischen Einflusses der Orographie auf die bodennahe Strömung (Kanalisierung),
- Bestimmung thermischer Effekte aufgrund unterschiedlicher Wärmeaufnahme, die zu Sekundärzirkulationen führen,
- Erstellung eines geeigneten Datensatzes zur Verifizierung mesoskaliger Modelle.

Als Untersuchungsgebiet wurde ein Schnitt von etwa 60 km Länge durch den Oberrheingraben auf der Linie Edenkoben - Speyer - Sinsheim gewählt. Dieses Gebiet kann in erster Näherung in der Nord-Süd-Richtung als homogen angesehen werden, wodurch die zugehörigen Modellrechnungen auf die West-Ost-Richtung beschränkt bleiben konnten.

In Abb. 4.1 ist ein Kartenausschnitt wiedergegeben, der das Experimentiergebiet enthält, zusammen mit den Orten für die einzelnen Meßstationen.

Kernstück der Messungen war ein von West nach Ost verlaufendes Radiosondennetz (sieben Stationen) mit einem mittleren horizontalen Abstand von 7,5 km zueinander. An zahlreichen weiteren Bodenstationen wurden Komponenten der Strahlungs- und Energiebilanz erfaßt. Die relativ kurzzeitigen Radiosondenaufstiege sind vervollständigt worden durch Sondierungen mit instrumentierten Flugzeugen in verschiedenen Höhenniveaus.

Die Traversen der vier eingesetzten Motorsegler, eines Motorflugzeugs und eines Düsenjets überdeckten das Gebiet, in dem auch die bodennahen Messungen stattfanden.

Ergänzt wurden diese Messungen schließlich durch ein temporäres Meßnetz, mit dem das bodennahe Windfeld zusätzlich über einen einjährigen Zeitraum erfaßt wurde.

Das Feldmeßprogramm war in die 14tägige Periode vom 17. bis 29. 9. 1979 eingebettet.

Abb. 4.1. Lageplan der Meßstationen während des Feldexperimentes MESOKLIP. ▶

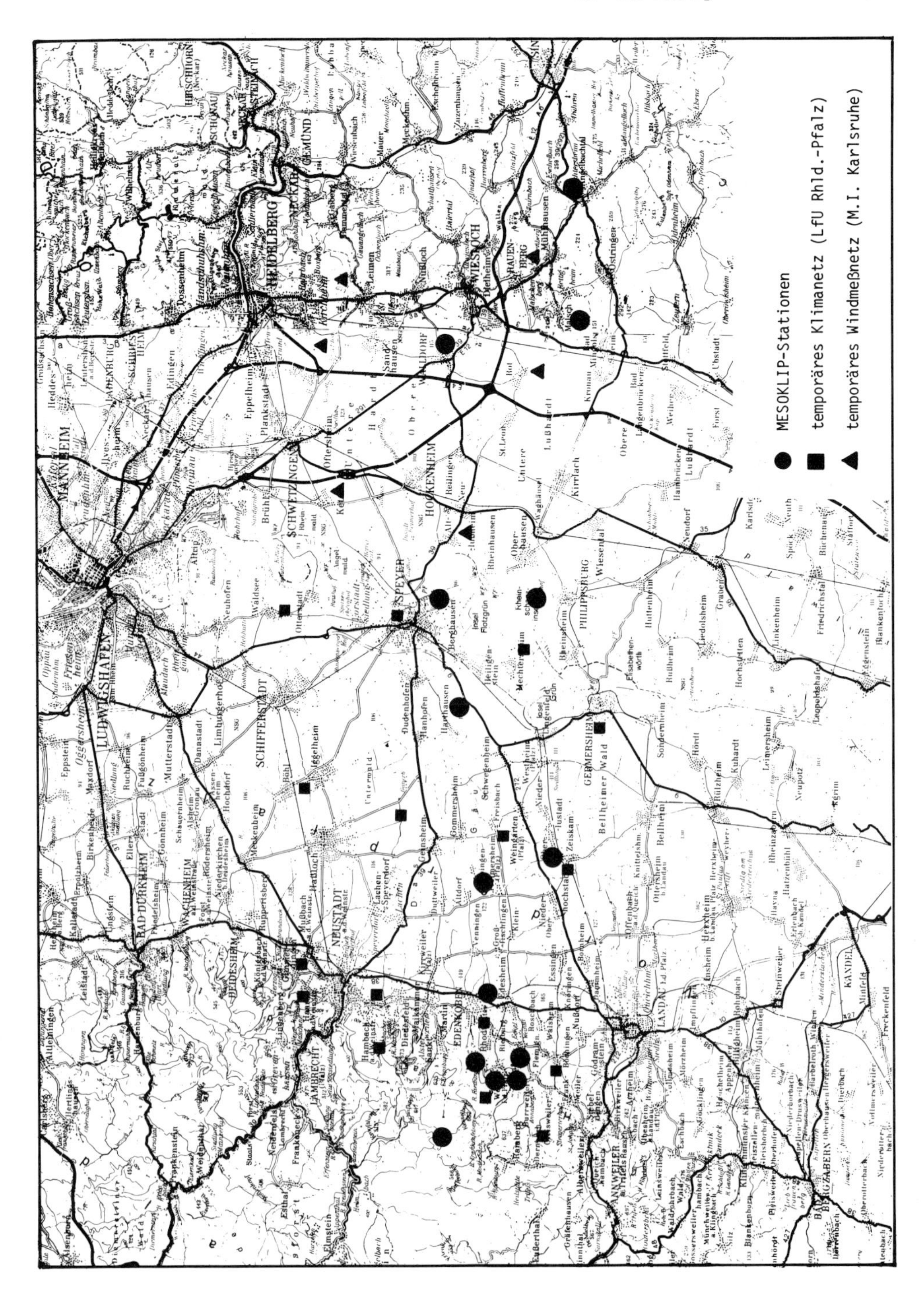
MESOKLIP-Stationen
temporäres Klimanetz (LfU Rhld.-Pfalz)
temporäres Windmeßnetz (M.I. Karlsruhe)

Um dem entscheidenden Charakteristikum der bodennahen Atmosphäre, dem Tagesgang der Variablen, Rechnung zu tragen, sind die Hauptmessungen in Form von Intensivmeßphasen vorgenommen worden. Insgesamt konnten sieben Intensivmeßphasen (siehe Tab. 4.1) durchgeführt werden.

Tab. 4.1 MESOKLIP-Intensivmeßphasen.

Zeit	Wettertyp	Aufstiegsfrequenz für Radiosonden
17.9.79, 08.00 - 18.9.79, 08.00	II	1h
19.9.79, 06.00 - 20.9.79, 00.00	II	1h
21.9.79, 10.00 - 22.9.79, 10.00	I	3h
23.9.79, 10.00 - 24.9.79, 01.00	I	3h
25.9.79, 10.00 - 26.9.79, 10.00	II	1h
27.9.79, 06.00 - 27.9.79, 21.00	II	1h
28.9.79, 07.00 - 28.9.79, 15.00	II	1h

Dazu waren vorher unterschiedliche Meßabläufe entsprechend typischen, zu erwartenden Wetterlagen vereinbart worden. Der Wettertyp I beinhaltet Westwetterlagen mit höherer Windgeschwindigkeit und geringen thermodynamischen Einflüssen, der Wettertyp II bezieht sich auf Hochdruckwetterlagen mit niedrigen Windgeschwindigkeiten.

An dem Experiment haben sich 19 Forschergruppen bzw. Institutionen beteiligt. Diese sind in Tabelle 4.2 zusammengestellt.

Tab. 4.2 Teilnehmer am MESOKLIP-Experiment.

Leiter	Institution	Messungen
Ahrens, D.	LfU Baden-Württemberg	Fesselballon
Danzeisen, H.	LfU Rheinland-Pfalz	Temperaturmeßnetz, Meßwagen
Fortak, H.	Freie Universität Berlin	Motorsegler, Motorflugzeug
Freytag, C.	Universität München	Pilotballon, Bodenstation
Geßner, H.	Luftwaffe (Wehrgeologie), Karlsruhe	Bodenmessungen
Hasenjäger, H.	Forschungsanstalt Ispra	Radiosonde
Hanl, S.	Amt für Wehrgeophysik, Traben-Trarbach	2 Radiosonden
Höschele, K.	Universität Karlsruhe	Radiosonde, Bodenstation, Windmeßnetz
Jurksch, G.	Deutscher Wetterdienst, Offenbach	3 Radiosonden, Meßwagen
Kalb, M.	Deutscher Wetterdienst	Datenbank

Tab. 4.2 Teilnehmer am MESOKLIP-Experiment (Fortsetzung).

Leiter	Institution	Messungen
Keßler, A.	Universität Freiburg	Bodenstation
Kuntz	Universität Karlsruhe	Stationsvermessung
Manier, G.	Technische Hochschule Darmstadt	Pilotballon, Bodenstation
Mayer, H.	Universität München	Bodenstation
Reinhardt, M.	DFVLR Oberpfaffenhofen	3 Motorsegler, 1 Düsenjet
Reiter, R.	Fraunhofer-Gesellschaft, Garmisch-Partenkirchen	Radiosonde
Stilke, G.	Universität Hamburg	Radiosonde, Bodenstation
Tetzlaff, G.	Universität Hannover	Bodenstation
Walk, O.	Universität Karlsruhe	Radiosonde, Windmeßnetz

Eine ausführliche Zusammenstellung der gesamten Messungen ist von FIEDLER und PRENOSIL (1980) veröffentlicht worden. Eine Darstellung des Experiments ist bei FIEDLER (1980) enthalten.

Für die gesamten Messungen des Experiments MESOKLIP wurde in der Klimaabteilung des Deutschen Wetterdienstes eine Datenbank eingerichtet. Eine Übersicht über die während der Intensivmeßphasen gemessenen Vertikalverteilungen des Horizontalwindes, der Feuchte und der potentiellen Temperatur über dem Oberrheingraben gibt die Zusammenstellung von ADRIAN, VOGEL und FIEDLER (1987).

4.2.2 DISKUS

Bezeichnung des Experiments
DISKUS: **Dis**chmatal **K**lima**u**nter**s**uchungen

Forschungsgegenstand und Experimentiergebiet
Die Ziele von DISKUS waren

- die Erfassung des sommerlichen thermischen Windsystems in einem einfach strukturierten Alpental (Hangwindsystem, Berg- und Talwindsystem, Querwinde),
- die Verknüpfung thermischer und dynamischer Effekte, insbesondere von Energieumsätzen am Boden, Temperatur- und Windfeld.

Das Dischmatal ist ein kleines inneralpines Endtal ohne wesentliche Seitentäler. Es verläuft von NNW (Taleingang) nach SSE. Das Tal ist 15 km lang und 4 km breit von Kamm zu Kamm. Der Talboden steigt von 1500 bis 2000 m ü.NN an, die Kammüberhöhung beträgt nahezu konstant 1000 m. Der Talquerschnitt ist V-förmig.

Zeitlicher Ablauf, Intensivmeßphasen
DISKUS fand statt vom 6. 8. 1980 00.00 MEZ bis 15. 8. 1980 24.00 MEZ. Es wurden zwei Intensivmeßphasen durchgeführt vom

6. 8. 1980 04.00 MEZ bis 7. 8. 1980 10.00 MEZ und
11. 8. 1980 04.00 MEZ bis 12. 8. 1980 05.00 MEZ.

Während beider Intensivmeßphasen herrschte schönes, wenn auch nicht ungestörtes Sommerwetter.

Messungen
Während der gesamten Experimentdauer wurden in Bodennähe Temperatur, Feuchte, Wind und die Terme der Energiebilanz kontinuierlich gemessen. Während der Intensivmeßphasen fanden zusätzlich Sondierungen in der Talatmosphäre statt (Pilotballonaufstiege, Radio- und Fesselsondierungen, horizontale Motorseglerflüge entlang einem festen Flugmuster in drei Höhen, Vertikalsondierungsflüge). Abb. 4.2 zeigt eine Skizze des Meßgebiets mit den Meßstationen und dem Flugmuster.

Radiosondenaufstiege wurden alle zwei Stunden, Pilotballonaufstiege stündlich und Fesselsondierungen alle ein bis drei Stunden durchgeführt. Drei Motorsegler flogen von Sonnenauf- bis Sonnenuntergang, so daß jede Strecke etwa alle eineinhalb bis zwei Stunden geflogen wurde.

Beschreibung des Experiments
Eine genaue Beschreibung der Meßstationen, der Meßsysteme sowie des zeitlichen Verlaufs von DISKUS findet man in Freytag und Hennemuth (1981, 1982) und in Reiter et al. (1981). Dort sind auch alle Meßdaten in Tabellen oder in graphischer Darstellung wiedergegeben.

Beteiligte Institutionen
An DISKUS waren folgende Gruppen mit Messungen beteiligt:
Meteorologisches Institut der Universität Bonn; DFVLR Oberpfaffenhofen, Institut für Optoelektronik und Institut für Physik der Atmosphäre; Eidgenössische Anstalt für das Forstliche Versuchswesen Birmensdorf; Eidgenössisches Institut für Schnee- und Lawinenforschung Weißfluhjoch; Fraunhofer-Institut für Atmosphärische Umweltforschung Garmisch-Partenkirchen; Meteorologisches Institut der Universität München; Schweizerische Meteorologische Anstalt Payerne.

Datenbank
Die gemessenen Daten wurden aufbereitet zu zweidimensionalen Feldern am Untergrund (Terme der Energiebilanz) und dreidimensionalen Feldern in der Talatmosphäre - Temperatur, Feuchte, Wind (nur in einem Querschnitt) - jeweils an den Intensivmeßtagen tagsüber. Diese Felder sind beschrieben von Hennemuth (in Freytag, 1985b). Die Daten sind zu beziehen über: Meteorologisches Institut der Universität München, Theresienstraße 37, 8000 München 2.

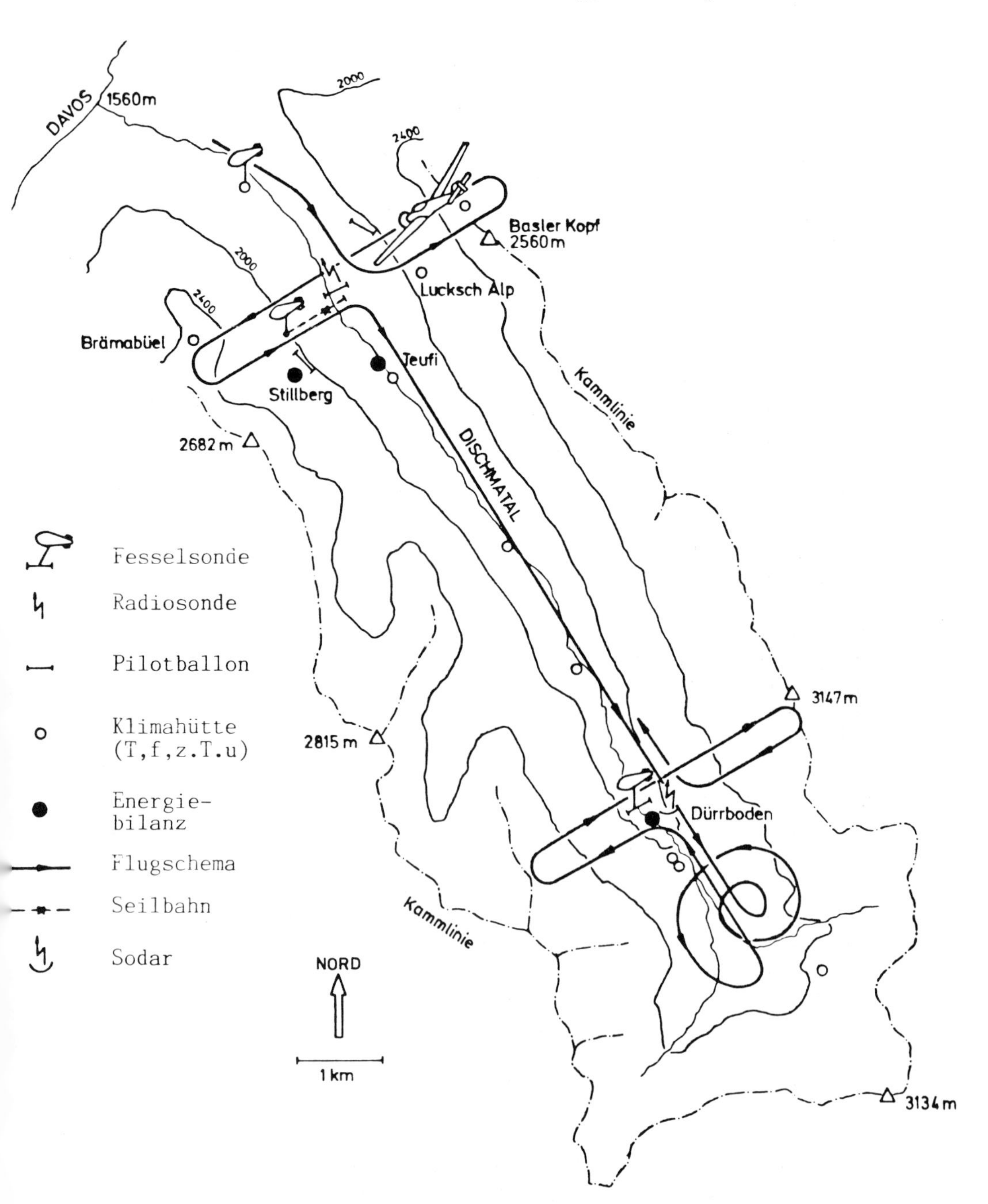

Abb. 4.2. Experimentiergebiet und Meßstationen während DISKUS.

4.2.3 PUKK

Bezeichnung des Experiments
PUKK: **Pro**jekt zur **U**ntersuchung des **K**üsten**k**limas

Forschungsziele (Unterprogramme):

1. Interne Grenzschicht
2. Thermisch induzierte Sekundärzirkulation
3. Struktur der organisierten Konvektion
4. Strahlungsfelder
5. Atmosphärische Diffusion
6. Höhenvariabilität turbulenter Flüsse
7. Grenzschichtstrahlstrom

Zeiten: siehe Tabelle 4.3
Anordnung des Meßfeldes: siehe Abbildung 4.3 und Tabelle 4.4
Beteiligte Institute: siehe Tabelle 4.5
Literatur zur Beschreibung des Experiments:

- KRAUS, H. (1982): PUKK. A Meso-scale Experiment at the German North Sea Coast. Beitr. Phys. Atmosph. *55*, 370–382.
- LAUDE, H.; HAGEMANN, N.; TETZLAFF, G. (1984): PUKK. Ein meteorologisches Projekt zur Untersuchung mesoskaliger Phänomene an der Küste. Stationen, Meßgebiet, Ergebnisse. Ber. Inst. Meteor. Klimatol. Univ. Hannover *24.*

Datenhefte und Datenbank:
- HOFFMANN, L.; GLOEDEN, W.; GERPOTT, D. (1984): Abschlußbericht. PUKK-Datenzentrum im Deutschen Wetterdienst, Seewetteramt Hamburg, Dez. M 1.
- LAUDE, H.; HAGEMANN, N.; TETZLAFF, G. (1984): Ein meteorologisches Projekt zur Untersuchung mesoskaliger Phänomene an der Küste. – PUKK-Datensatz, dargestellt in Zeit- und Raumschnitten; unveröffentlichtes Manuskript aller Auswertungen, auf Anfrage ausleihbar beim Meteor. Inst. TU Hannover.

Tab. 4.3 PUKK-Kalender. Er zeigt die Einteilung in intensive (B) und weniger intensive (C,D) Meßphasen, die synoptische Situation und Halbtagesmittel (00–12, 12–24 GMT) von Windrichtung dd und Windstärke V in etwa 15 m über der Wasseroberfläche am Dreibein 5 km vor der Küste. Die Daten von dd und V stellte Dr. K. Uhlig, Kiel, zur Verfügung, sie entstammen einer vorläufigen Auswertung. B Beginn, E Ende, PE ursprünglich geplantes Ende des Experimentes. K Station Küste, M Station Mitte, DWD Stationen des Deutschen Wetterdienstes in 50 km und Sprakensehl, KNMI Station des Koninklijk Nederlands Meteorologisch Instituut in K6. LLJ (Low Level Jet) bedeutet, daß ein Grenzschichtstrahlstrom in der betreffenden Nacht beobachtet wurde. ▶

Date	Time GMT	Phases B C D	Weather Situation	Special Events	dd	V m/s
Fr 25.9. 1981	00 12	B I	Trough British Isles with flow from SW	cold front LLJ	19	7
Sa 26.9	00		⋮		14 14	7 10
Su 27.9.			⋮		19 17	7 6
Mo 28.9.		only K	Wave over Central Europe, extending from Northern Italy	to the Baltic Sea rain in the eastern PUKK area	17 32	4 2
Tu 29.9.		K,M	Ridge building up from SW	sky becomes cloudless LLJ	33 25	4 7
We 30.9.			High (>1020 mbar) over PUKK area shifting eastward	nearly cloudless LLJ	18 17	7 8
Th 1.10.			Stable zone east of low over British Isles	nearly cloudless LLJ	15 12	8 7
Fr 2.10.			Low British Isles	cloudy from shortly before noon	14 14	8 4
Sa 3.10.		only DWD KNMI	Low British Isles - North Sea	unsteady	17 18	10 10
Su 4.10.			Low North Sea	much rain	18 21	14 14
Mo 5.10.			Low Scandinavia	unsteady	21 21	11 6
Tu 6.10.			Low British Isles	unsteady	16 15	5 7
We 7.10.			Low northern North Sea	01 GMT strong cold front, strong wind with gusts	22 22	16 17
Th 8.10.		K	Flow from WSW		21 21	13 13
Fr 9.10.	10	E	Low British Isles (<980 mbar)	cold front	18 18	10 12
Sa 10.10.		PE	Low northern North Sea (<970 mbar)	very strong winds	20	18

Tab. 4.4 Die instrumentelle Ausrüstung der PUKK-Stationen.

Station (distance from coast in km)	Mast total height m	Mast No. of levels	Stuct. -Sonde	Tether-sonde	Pilot-balloon	Energy-balance	SODAR (Doppler +)	Built up by
FPN (−135)		1	1			1	1	KonTur
Watt (−5)	20	5				1		IFM Kiel
K1 (−0.1)	6	3						Vrije U Amsterdam
	6	1						MIU Hamburg
K2 (0)	20	6						Vrije U Amsterdam
K3 (0.05)	20	6						Vrije U Amsterdam
K4 (0.10)	20	6						MIU Hamburg
K5 (0.15)	20	6						MIU Hamburg
K6 (~1)	10	1	1				1	KNMI
				1	1		2+	MIU Hamburg/NLVA
	6	4				1		MIU München
10 km	12	5	1	1		1	1	MIU Köln
30 km	10	5	1		1	1		MIU Karlsruhe
50 km			1		1			DWD
M (80)	7	5	1	3	1	1		MIU Bonn
Spraken-				1			1	MIU Hannover
sehl (170)			1		1			DWD
. . .	additionally Tetroons launched near the coast . . .							KF Karlsruhe
		1 LIDAR			near the coast . . .			DWD Hamburg

Tab. 4.5 Beteiligte Institute.

1. Instituut voor Aardwetenschappen, Vrije Universiteit Amsterdam
2. Institut für Meteorologie der Freien Universität Berlin
3. Meteorologisches Institut der Universität Bonn
4. Koninklijk Nederlands Meteorologisch Instituut, De Bilt
5. Meteorologisches Institut der Universität Hamburg
6. Deutscher Wetterdienst, Seewetteramt Hamburg
7. Deutscher Wetterdienst, Meteorologisches Observatorium Hamburg
8. Institut für Meteorologie und Klimatologie der Universität Hannover
9. Niedersächsisches Landesverwaltungsamt, Hannover
10. Meteorologisches Institut der Universität Karlsruhe
11. Kernforschungszentrum Karlsruhe GmbH
12. Institut für Meereskunde, Abt. Maritime Meteorologie, Kiel
13. Institut für Geophysik und Meteorologie der Universität Köln
14. Meteorologisches Institut der Universität München
15. DFVLR, Institut für Physik der Atmosphäre, Oberpfaffenhofen
16. Deutscher Wetterdienst, Zentralamt, Offenbach
17. Amt für Wehrgeophysik, Traben-Trarbach

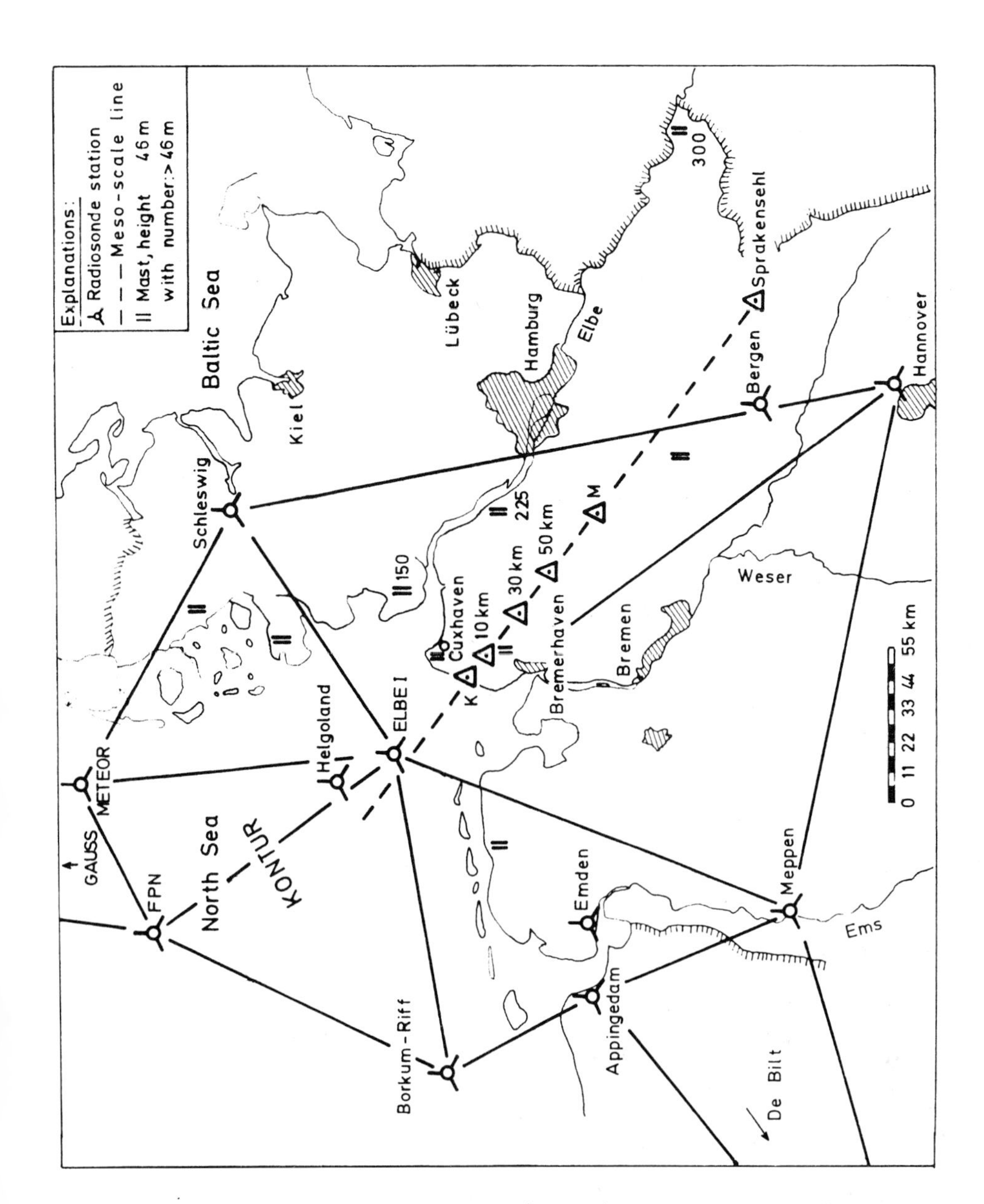

Abb. 4.3. Die Lage der PUKK-Stationen, hauptsächlich die auf der mesoskaligen Meßlinie (Δ) und Radiosondenstationen (⅄).

4.2.4. MERKUR

Bezeichnung des Experiments
MERKUR: **M**esoskaliges **E**xperiment im **R**aum **Ku**fstein - **R**osenheim

Forschungsgegenstand
Das Experiment MERKUR diente der Untersuchung der atmosphärischen Grenzschicht in einem großen Alpental nahe dem Talausgang und über dem anschließenden Vorland. Im Mittelpunkt standen dabei die Verhältnisse bei voll entwickeltem thermischen Windsystem (Hangwinde, Berg- und Talwind). Ein weiterer Forschungsgegenstand waren Überströmungseffekte (Föhn). Das Experiment war so angelegt, daß vor allem advektive Prozesse (Absinken, Aufsteigen, Advektion längs des Tals und über dem Vorland) in die Untersuchungen mit einbezogen werden konnten.

Zeitlicher Ablauf, Intensivmeßphasen (SOPs)

Gesamtdauer: 23.3. - 4.4.1982 (innerhalb der SOP von ALPEX)
Intensivmeßphasen:

1.	25.3. 03.00 GMT - 26.3. 12.00 GMT	Thermisches Windsystem
2.	27.3. 18.30 GMT - 28.3. 18.45 GMT	Föhn
3.	1.4. 20.00 GMT - 3.4. 02.00 GMT	Thermisches Windsystem mit Frontannäherung

Experimentiergebiet, Messungen
Experimentiergebiet war das untere Inntal von Innsbruck bis zum Talausgang nördlich Fischbach (85 km) und das Vorland in Verlängerung des Tals bis St. Wolfgang (55 km vor dem Gebirgsrand, s. Abbildung 4.4).
Den Zielen des Experiments entsprechend wurden die Messungen längs einer Hauptmeßachse (Inntal mit Verlängerung ins Vorland) und an zwei dazu senkrechten Strecken (im Tal bei Radfeld und ± 25 km im Vorland auf der Höhe von Rosenheim) durchgeführt.
Die Messungen umfaßten im einzelnen:

- Sondierungen (Fesselsonden, Radiosonden und Pilotierungen an elf Meßschwerpunkten)
- Energiebilanzmessungen (Profilmessungen in der Prandtl-Schicht an fünf Stationen)
- Mikrobarographenmessungen (an fünf Stationen längs der Hauptmeßachse)
- Sondermessungen (Sonic, Sodar, VHF-Radar etc.)
- Hintergrundmessungen (Dauerregistrierungen an etwa 30 netzartig verteilten Stationen)
- Flugzeugmessungen längs der Hauptmeßachse und den Querungen.

Abb. 4.4. Experimentiergebiet mit Meßschwerpunkten und Flugmustern während MERKUR. ▶

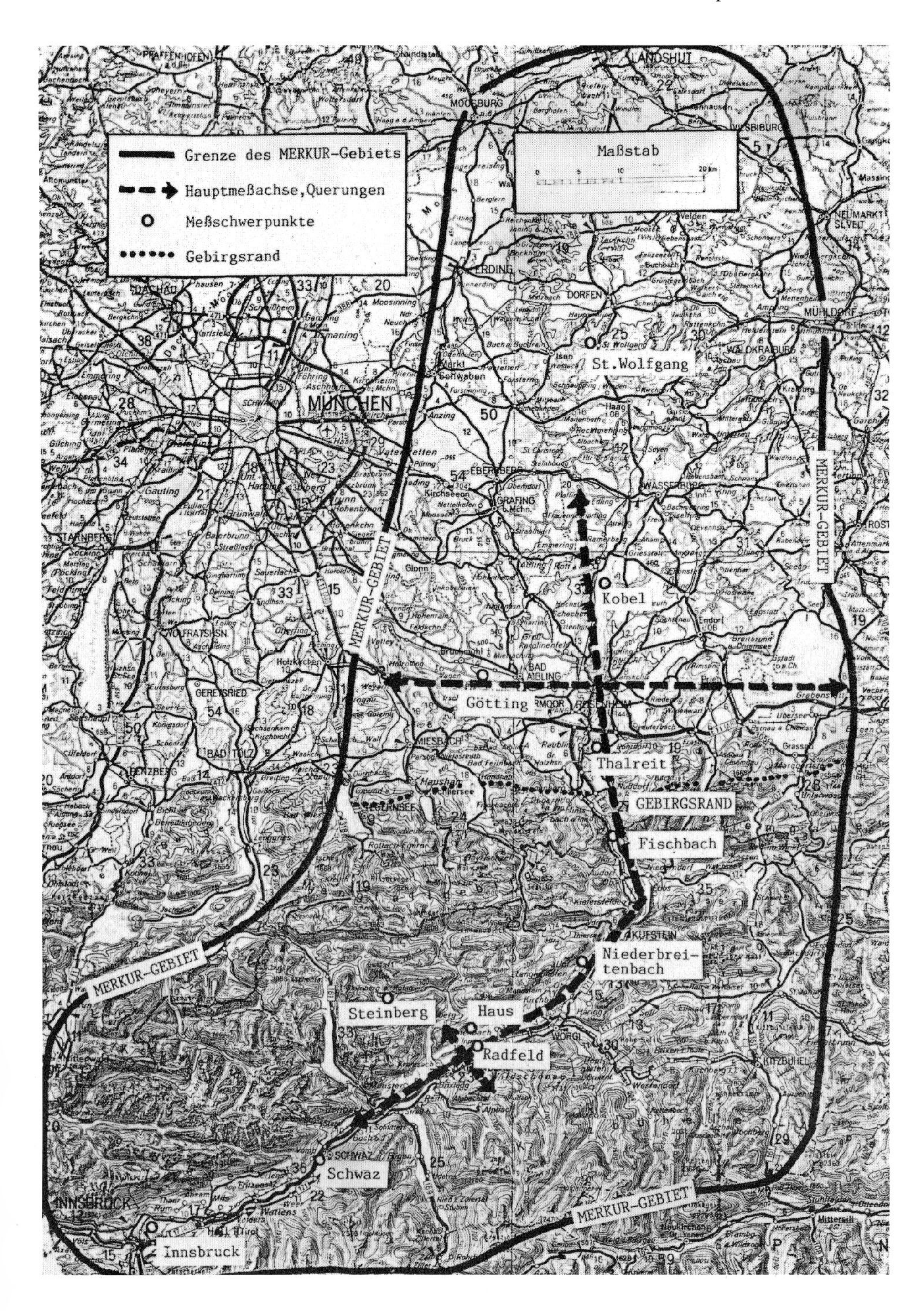
Grenze des MERKUR-Gebiets
Hauptmeßachse, Querungen
Meßschwerpunkte
Gebirgsrand
Maßstab
St. Wolfgang
Kobel
Götting
Thalreit
GEBIRGSRAND
Fischbach
Niederbreitenbach
Steinberg
Haus
Radfeld
Schwaz
Innsbruck
MERKUR-GEBIET
MERKUR-GEBIET
MERKUR-GEBIET
MERKUR-GEBIET

Alle Einzelheiten über die Ausrüstung der Meßstellen, die zeitliche Verteilung der Messungen, die Flugpläne und nicht zuletzt die Zuordnung der Meßbeiträge auf die über 20 beteiligten Institutionen aus der Bundesrepublik Deutschland und Österreich sind im MERKUR-Berichtsheft enthalten.

Beschreibung des Experiments: MERKUR-Berichtsheft
FREYTAG, C.; HENNEMUTH, B. (Hrsg.) (1983): MERKUR - Mesoskaliges Experiment im Raum Kufstein - Rosenheim. Wiss. Mitt. Meteor. Inst. München *48,* 132 Seiten.

Datenbank, Datenheft
Informationen über die MERKUR-Datenbank und über Datensätze, die nicht Teil der Datenbank sind, sind ebenfalls im MERKUR-Berichtsheft enthalten.

Die MERKUR-Datenbank befindet sich beim Meteorologischen Institut der Universität, Theresienstraße 37, 8000 München 2 (Dr. C. Freytag, Tel. 0 89/23 94 43 85).

Eine Auswahl von Feldern meteorologischer Größen während der drei SOPs ist in einem Datenheft enthalten:

C. FREYTAG (Hrsg.) (1985): Atmosphärische Grenzschicht in Alpentälern während der Experimente HAWEI, DISKUS und MERKUR, Wiss. Mitt. Meteor. Inst. München *52,* 131 Seiten.

4.3 Studium der auftretenden Phänomene

4.3.1 Kanalisierung der Luftströmung in Tälern; MESOKLIP-Ergebnisse

Das Oberrheintal stellt von seiner Geomorphologie her betrachtet einfache Ausgangsbedingungen dar, um in einem ausgedehnten Nord-Süd-Tal die grundlegenden Bedingungen orographisch beeinflußter Luftströmung zu untersuchen. Obwohl eine Vielfalt von Talformen auf der Erde zu finden ist, kann das Rheintal als typischer Vertreter eines breiten, flachen Tals angesehen werden. Es besitzt im Untersuchungsgebiet auf der Höhe von Edenkoben - Speyer - Sinsheim eine Breite von 45 km, seine seitlichen Höhen betragen maximal 500 m.

Aus früheren Einzelmessungen an Bodenstationen war zwar bereits bekannt, daß innerhalb des Rheintals deutliche Führungseffekte der Strömung trotz der relativ geringen seitlichen Berandungshöhen auftreten, eine detaillierte Analyse konnte jedoch erst anhand der Messungen des MESOKLIP-Experiments vorgenommen werden. Vor allem die zahlreichen Radiosondenaufstiege, die in einem Querschnitt durch das Tal ausgeführt wurden, ergaben Aufschluß über die vertikale Erstreckung der Einflußzone der Topographie.

Ein wichtiges und beeindruckendes Ergebnis wurde von WIPPERMANN und GROSS (1981) und WIPPERMANN (1984) geliefert. Es verdeutlicht die herausragende Bedeutung der Orographie für die Modifikation der großräumigen Strömung. Abbildung 4.5 zeigt die Abhängigkeit der bodennahen Strömung vom geostrophischen Wind anhand langjähriger Beobachtungen der Station in Mannheim. Anhand der Linien gleicher relativer Häufigkeit ist zu erkennen, daß im Oberrheintal vorzugsweise mit einer großräumigen westlichen Anströmung nur südliche Windgeschwindigkeiten und mit einer großräumigen östlichen Anströmung nur nördliche Windgeschwindigkkeiten auftreten. Beim Übergang des geostrophischen Windes von Nordwest auf Nordost springt der bodennahe Wind von Süd auf Nord. Analoges tritt beim Übergang des geostrophischen

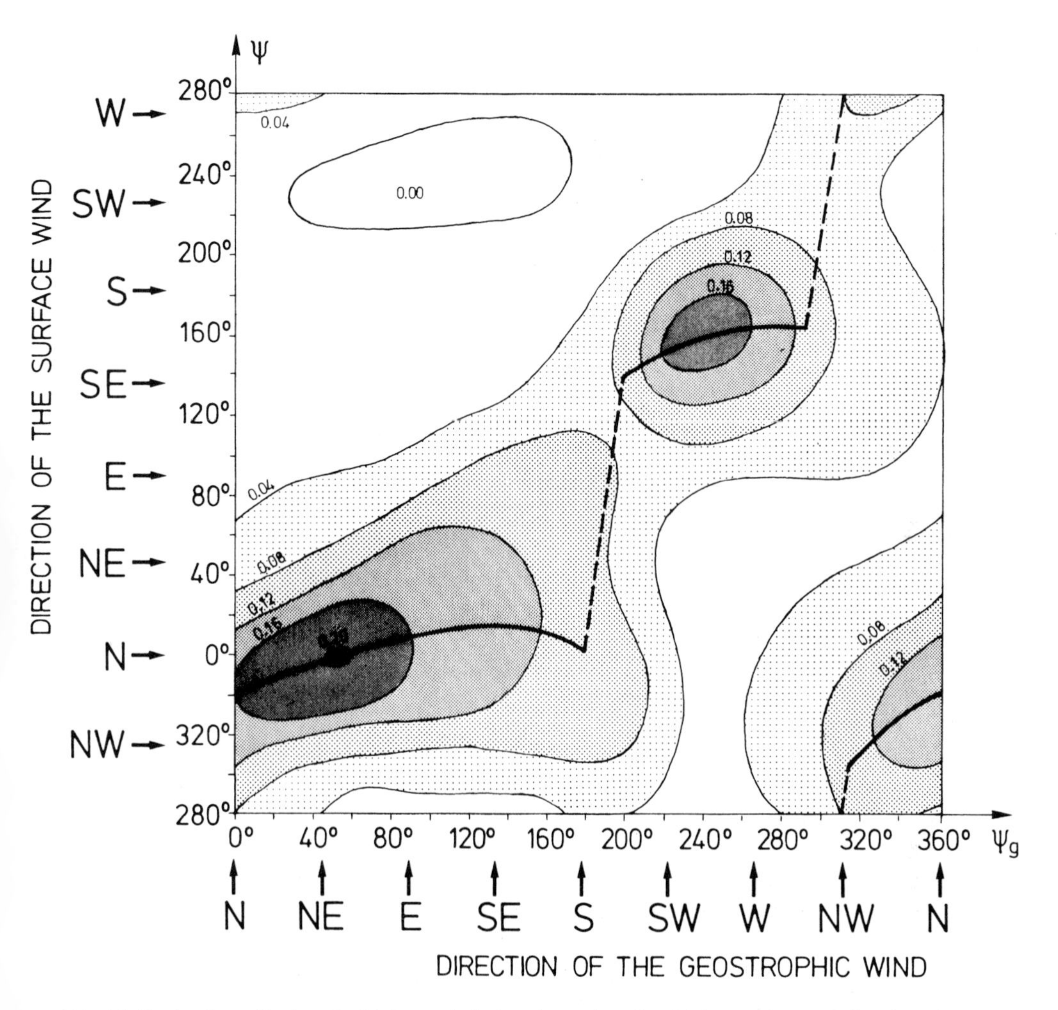

Abb. 4.5. Beobachtete Bodenwindrichtung bei einer herrschenden Richtung des großräumigen (geostrophischen) Windes für die Station Mannheim 1969 bis 1974. Die Isolinien geben die relative Häufigkeit des Auftretens an, die stark ausgezogene Linie verbindet jeweils die häufigsten Bodenwindrichtungen (nach WIPPERMANN und GROSS, 1981).

Windes von Südwest auf Südost auf. Daraus konnte bereits indirekt eine gegenläufige Strömung in Bodennähe und in der Höhe im Oberrheintal bei nordwestlichen und südöstlichen geostrophischen Winden postuliert werden.

Vom methodischen Vorgehen war dabei auch besonders interessant, wie die mesoskaligen Modelle, die durch den geostrophischen Wind angetrieben werden und anhand von Fallstudien einzelner Beobachtungskampagnen überprüft worden sind, für die Erarbeitung klimatologischer Zusammenhänge eingesetzt werden können. Durch Vorgabe der Häufigkeitsverteilung des geostrophischen Windes konnte durch Anwendung eines nicht-hydrostatischen und eines hydrostatischen mesoskaligen Modells die zugehörige Windrose für die Station Mannheim errechnet werden. Abbildung 4.6 zeigt den Vergleich zwischen Rechnung und Beobachtung. Es ist daraus deutlich erkennbar,

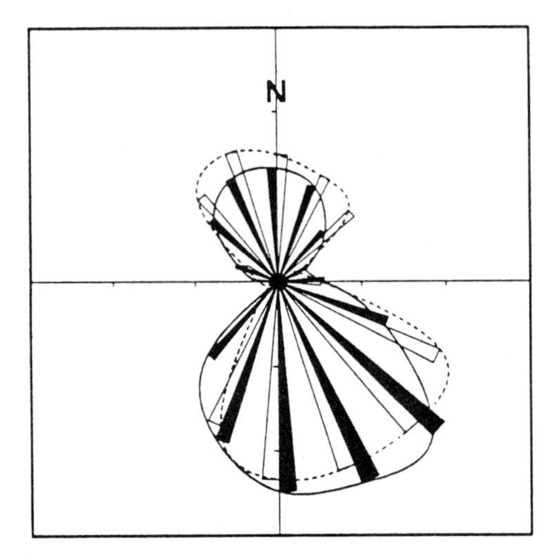

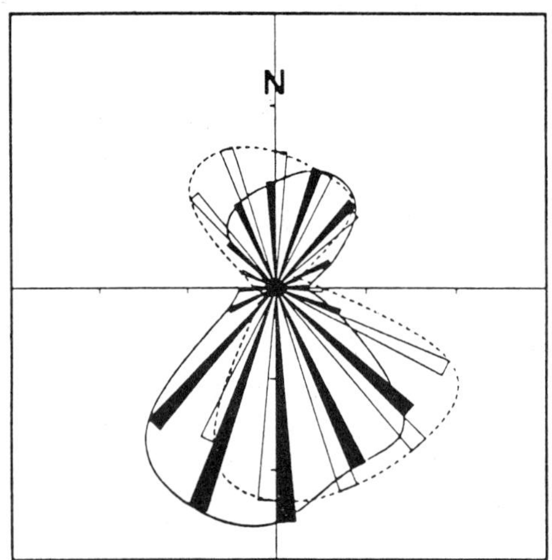

Abb. 4.6. Künstliche Bodenwindrose für die Station Mannheim. Weiß: beobachtet, schwarz: konstruiert durch numerische Simulation bei Vorgabe der Häufigkeitsverteilung des geostrophischen Windes. Oben: mit einem nicht-hydrostatischen Simulationsmodell (FITNAH); unten: mit einer hydrostatischen Version desselben (nach WIPPERMANN und GROSS, 1981).

daß der Vergleich der Beobachtungen mit den Ereignissen des nicht-hydrostatischen Modells (oben) besser ausfällt als mit den entsprechenden hydrostatischen Modellen (unten). Auf diese Weise ist das Ziel einer klimatologischen Beschreibung der Windverhältnisse über orographisch stark gegliedertem Gelände in erreichbare Nähe gerückt, was sonst nur durch aufwendige und langjährige Messungen möglich war.

Über die vertikale Struktur der durch die Topographie beeinflußten Strömung haben sich aus den Beobachtungen völlig neue Zusammenhänge ergeben. Diese betreffen vor allem das tageszeitliche Verhalten der Einflußzone. Wie aus der Abbildung 4.7 (FIEDLER, 1985) zu ersehen ist, beschränkt sich am Morgen (und ebenfalls nachts) die Kanalisierung der Strömung auf den Höhenbereich der Randberge. Die angegebenen Pfeile stellen die horizontale Windgeschwindigkeit dar, wobei ein Pfeil von links nach rechts einen Westwind und ein Pfeil von unten nach oben einen Südwind darstellt. Mit Einsetzen der Konvektion im weiteren Tagesverlauf werden auch die höheren Schichten in die Kanalisierung einbezogen (Abb. 4.8), so daß zum Zeitpunkt der stärksten Entwicklung am frühen Nachmittag (Abb. 4.9) die Einflußzone etwa die zweifache Höhe der topographischen Randbegrenzungen erreicht. Daraus ergeben sich beachtliche dynamische Einflüsse, die von der kanalisierten „Querströmung" auf das großräumige Windfeld ausgeübt werden. Diese wirken als zusätzlicher Widerstand, der von der Topographie ausgelöst wird und durch die thermische Verzahnung in die freie Atmosphäre hineinwirkt.

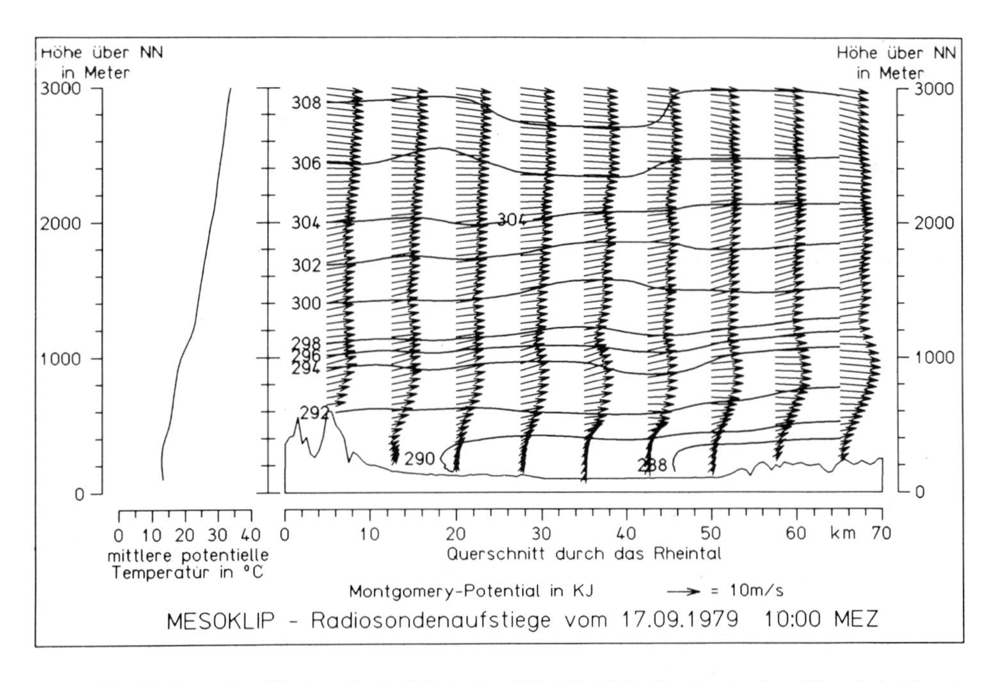

Abb. 4.7. Horizontale Windgeschwindigkeit im West-Ost-Schnitt durch das Oberrheintal am 17.9.1979 10.00 Uhr MEZ (nach FIEDLER, 1985).

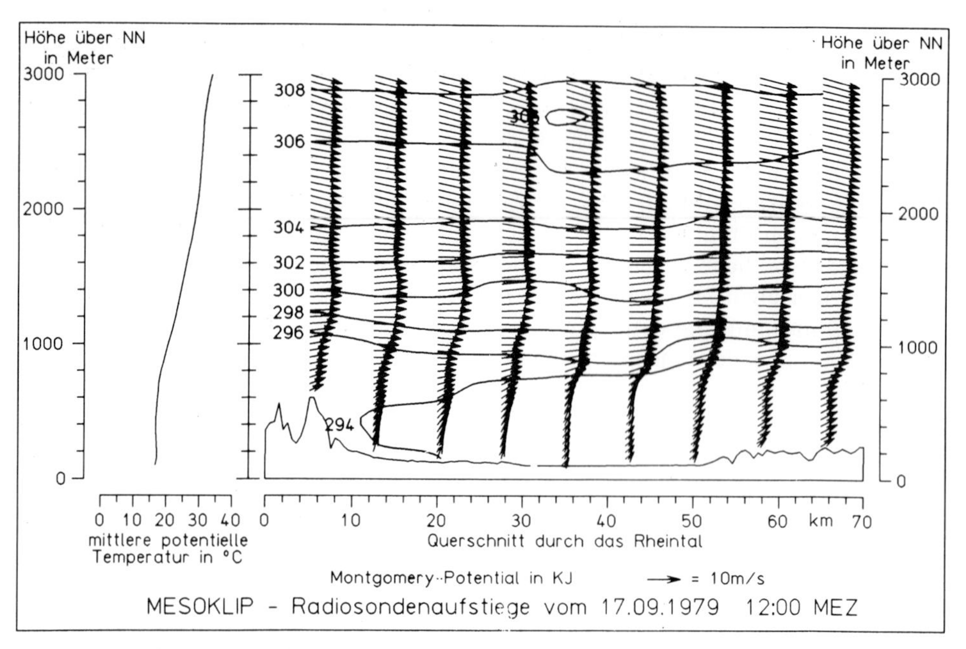

Abb. 4.8. Horizontale Windgeschwindigkeit im West-Ost-Schnitt durch das Oberrheintal am 17. 9. 1979 12.00 Uhr MEZ (nach FIEDLER, 1985).

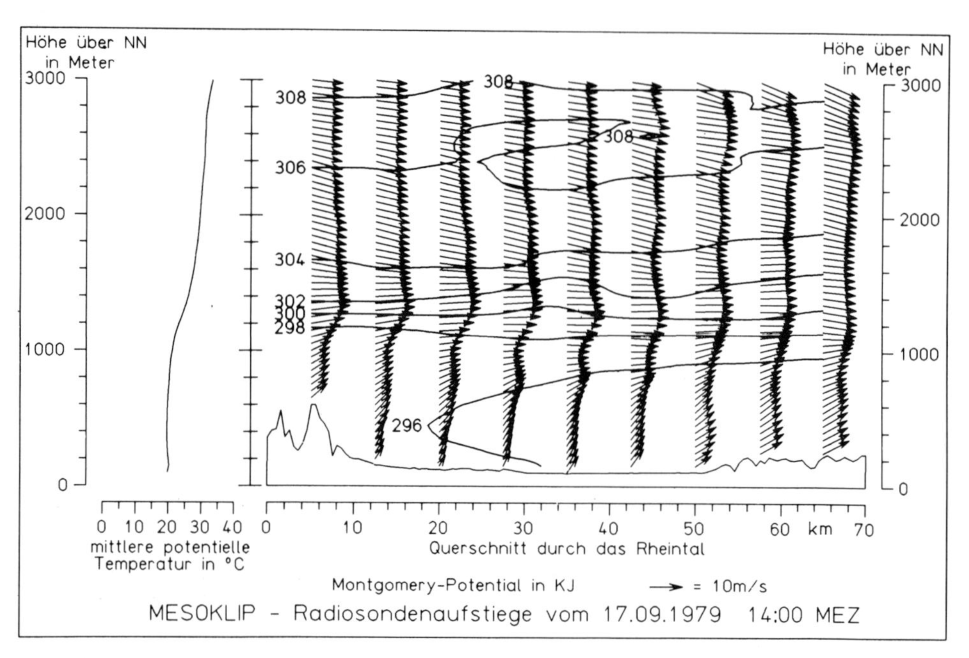

Abb. 4.9. Horizontale Windgeschwindigkeit im West-Ost-Schnitt durch das Oberrheintal am 17. 9. 1979 14.00 Uhr MEZ (nach FIEDLER, 1985).

Außerdem sind diese zum Teil gegenläufigen Strömungsbedingungen in Bodennähe und in der freien Atmosphäre höchst bedeutsam für die Ausbreitung von Schadstoffen, da dadurch der Abtransport in den verschiedenen Höhenniveaus zum Teil sogar in entgegengesetzte Richtungen erfolgen kann.

Anhand der Beobachtungen haben sich spezifische Strömungseigenheiten ergeben, die ein realistisches numerisches Simulationsmodell aufzeigen muß. In Abbildung 4.10 ist eine Anwendung eines zweidimensionalen Modells (DORWARTH, 1986) auf eine MESOKLIP-Situation enthalten, die aufzeigt, wie die typische Strömungskanalisierung im Rheintal von diesem richtig wiedergegeben wird. Die maximale talparallele Strömung (Abb. 4.10, unten) stellt sich dabei in der östlichen Rheintalhälfte ein.

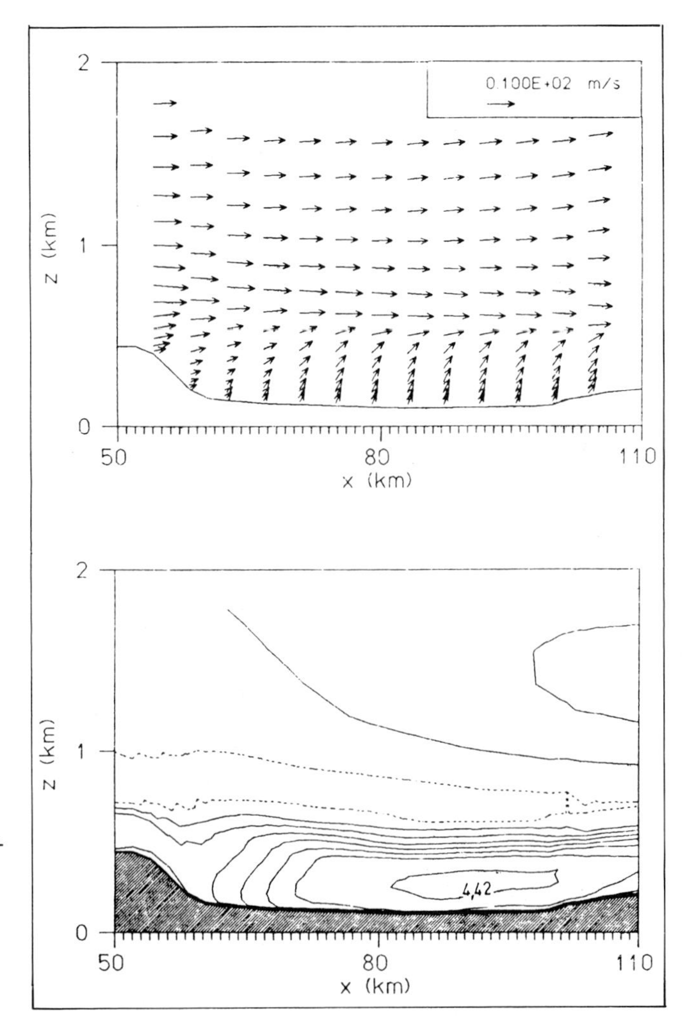

Abb. 4.10. Numerische Simulation der Kanalisierung der Strömung im Oberrheintal. Oben: Verteilung der horizontalen Windgeschwindigkeit; unten: Isolinien der Nord-Süd-Komponente (nach DORWARTH, 1986).

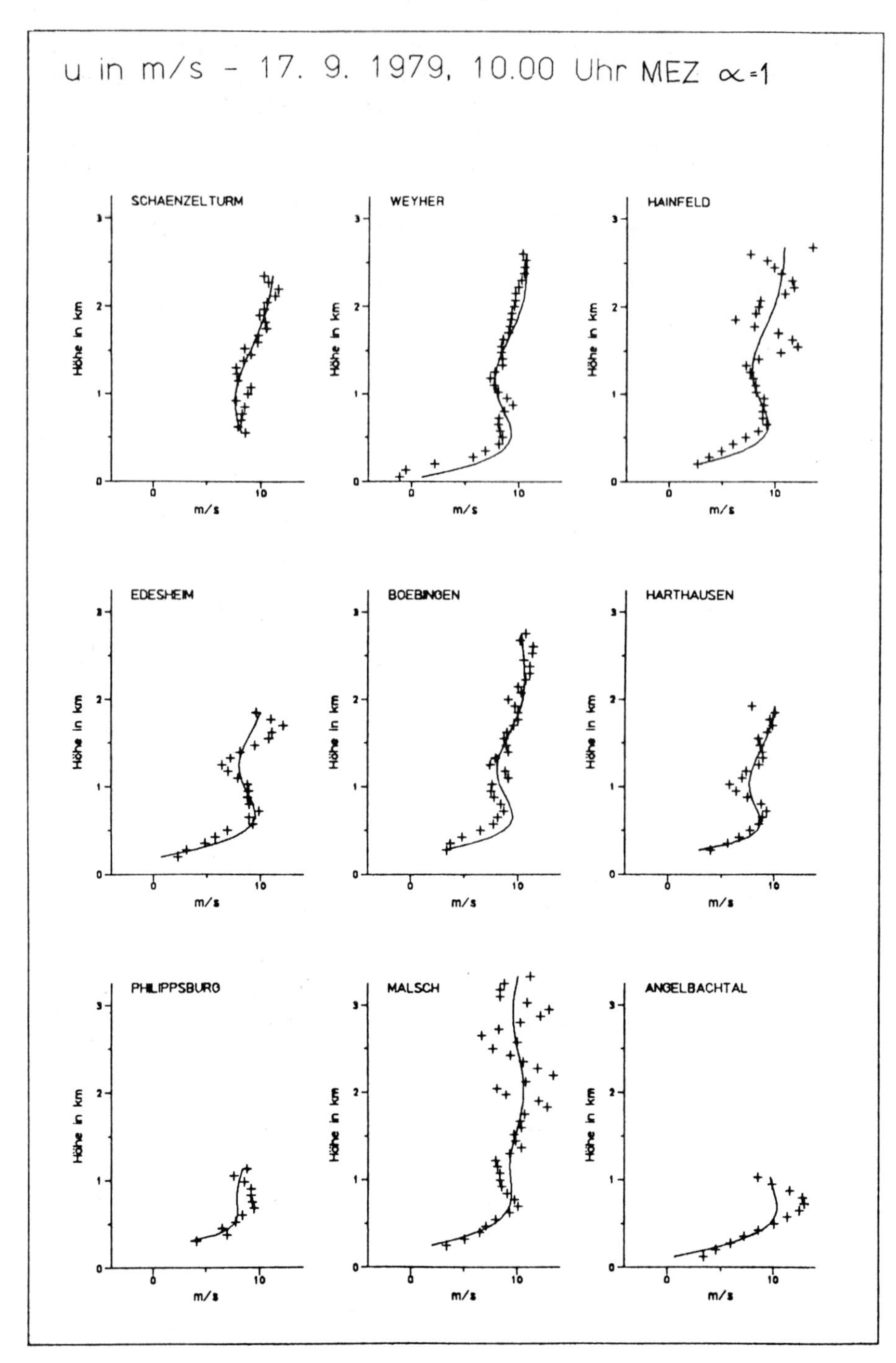
u in m/s - 17. 9. 1979, 10.00 Uhr MEZ α=1
SCHAENZELTURM
WEYHER
HAINFELD
EDESHEIM
BOEBINGEN
HARTHAUSEN
PHILIPPSBURG
MALSCH
ANGELBACHTAL
Höhe in km
m/s

Eine wesentliche Voraussetzung für die Verwendung von numerischen Modellen zur Simulation von aktuellen atmosphärischen Vorgängen sind geeignete Anfangsfelder. Die Strömungskanalisierung im Rheintal weist so deutliche Eigenheiten auf, daß sie gut geeignet waren, als Kriterium für die Brauchbarkeit von Initialisierungsverfahren zu dienen. So weisen die Vertikalprofile der Windgeschwindigkeit (Abb. 4.11) markante Unterschiede auf, die vom geeigneten Ausgleichsverfahren wiedergegeben werden müssen. ADRIAN (1985) hat anhand der MESOKLIP-Daten nachgewiesen, daß das von ihm entwickelte Initialisierungsverfahren einesteils als Interpolationsverfahren zur Analyse der Strömungszustände geeignet ist, andernteils auch bei Anwendung für die Startfelder von Simulationsrechnungen zu deutlich verbesserten Ergebnissen führt.

Insgesamt gesehen sind anhand des MESOKLIP-Experiments Zusammenhänge aufgezeigt worden, die vorher nicht bekannt waren. Jedoch ist trotz der relativ einheit-

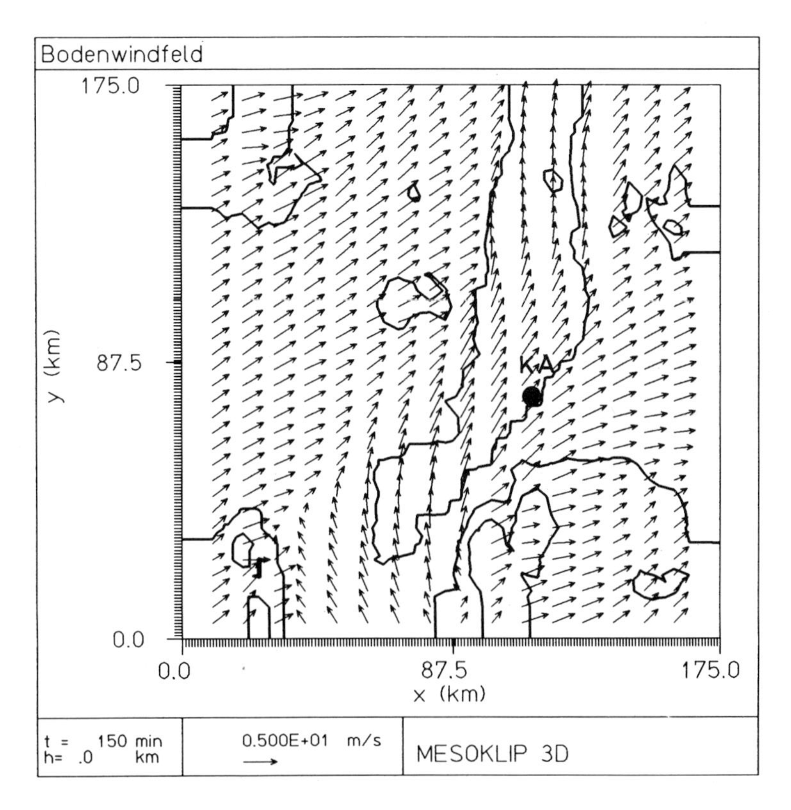

Abb. 4.12. Numerisch simulierte Kanalisierung der Strömung im Oberrheingraben (nach DORWARTH, 1986).

Abb. 4.11. Vergleich von beobachteten und berechneten Windprofilen mit Initialisierung für 10.00 Uhr MEZ (nach ADRIAN, 1985).

lichen Geländegestalt des Oberrheingrabens das Gesamtbild im Auge zu behalten, das sich erst bei einer dreidimensionalen Betrachtung ergibt. Abbildung 4.12 stellt ein solches Gesamtbild der bodennahen Strömung im Oberrheintal anhand einer Modellsimulation (DORWARTH, 1986) dar. Daraus ist zwar eine Rechtfertigung abzuleiten für die Wahl des Meßgebiets für das MESOKLIP-Experiment nördlich von Karlsruhe in Form eines zweidimensionalen West-Ost-Querschnitts. Es ist jedoch auch eine deutliche Modifikation in Nord-Süd-Richtung, z.B. durch den Odenwald, Kraichgau und Schwarzwald, zu erkennen, die nur durch eine dreidimensionale Modellierung berücksichtigt werden kann. Dieses Ziel ist mit den Arbeiten im Schwerpunktprogramm in beeindruckender Weise erreicht worden.

4.3.2 Das thermische Windsystem in einem kleinen Alpental; DISKUS-Ergebnisse

4.3.2.1 Beschreibung des Windsystems im Dischmatal

In einem Tal von so einfacher Struktur wie dem Dischmatal erwartet man, alle Komponenten des sommerlichen Schönwetterwindfeldes in idealisierter Form zu beobachten. Umfangreiche Dauermessungen des Windes in Bodennähe und sporadische aerologische Untersuchungen in den sechziger Jahren führten zu einem Windschema (Abb. 4.13), das insbesondere die thermischen Asymmetrien im Tagesverlauf enthält (URFER-HENNEBERGER, 1970).

Während zweier Intensivmeßphasen bei DISKUS konnte das Windfeld bis weit über Kammhöhe beobachtet werden. Es ist jedoch zu einigen Zeiten durch die großräumige Wettersituation gestört. Vertikalbewegungen können aus den Messungen nicht direkt gewonnen werden.

Eine reine Hangwindschicht, die durch ein Windminimum von den Talwinden getrennt ist, wird im Dischmatal nur selten beobachtet. Ein Hangaufwind ist lediglich dann ausgeprägt, wenn die Sonne direkt auf den betreffenden Hang scheint und die Talwindkomponente schwach ist (vormittags am E-Hang, spätnachmittags am W-Hang), wie Einzelbeispiele in SCHMIDT (1983) und BREHM (1986) zeigen. Die Hangaufwindschicht ist im Mittel 90 m dick mit mittleren Maximalgeschwindigkeiten von 2,6 m/s. Der nächtliche Hangabwind ist seicht (55 m) und wesentlich schwächer (mittleres Maximum 0,6 m/s).

Den Hangwinden ist zeitweise eine thermische Querzirkulation überlagert, die im Tal vom abgeschatteten zum besonnten Hang gerichtet ist. Diese Erscheinung wird auch von anderen kleinen Tälern berichtet (z.B. MACHATTIE, 1968). Sie ist auch in Bodennähe gut zu beobachten (s. Abb. 4.13 f,g,h).

Berg- und Talwinde sind im Dischmatal gut ausgeprägt. Der Talwind setzt etwa 30 Minuten nach dem lokalen Sonnenaufgang über dem E-Hang ein und füllt zwei Stun-

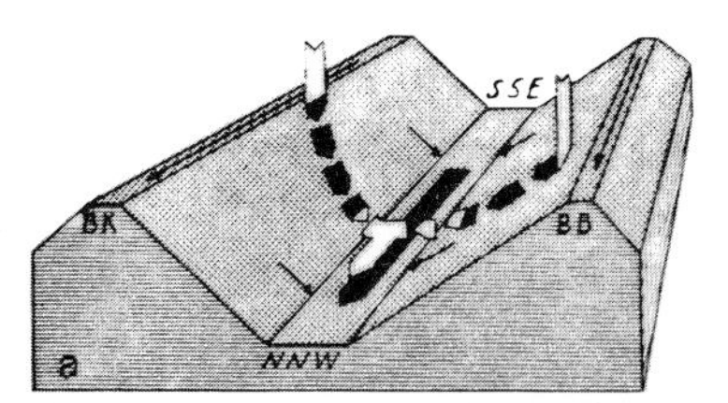

Mitternacht bis Sonnenaufgang am E-Hang

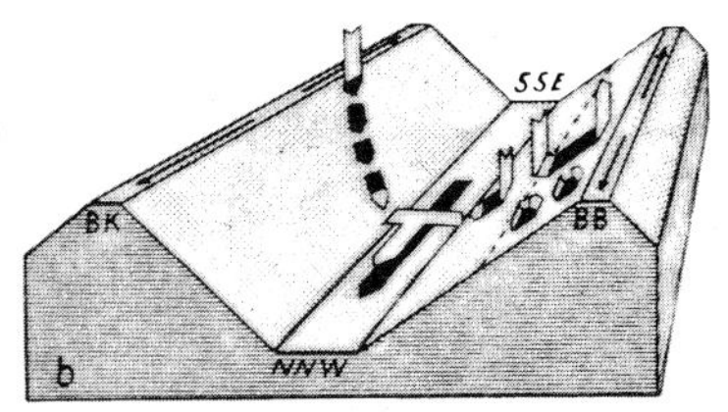

Sonnenaufgang am oberen E-Hang

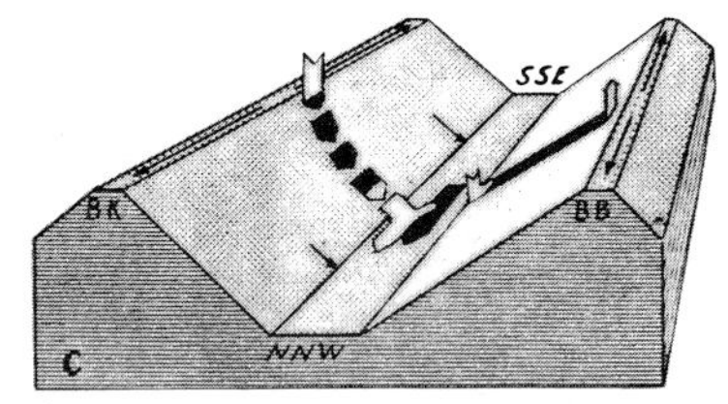

Ganzer E-Hang besonnt, auch im Tal wird die Sonne aufgehen

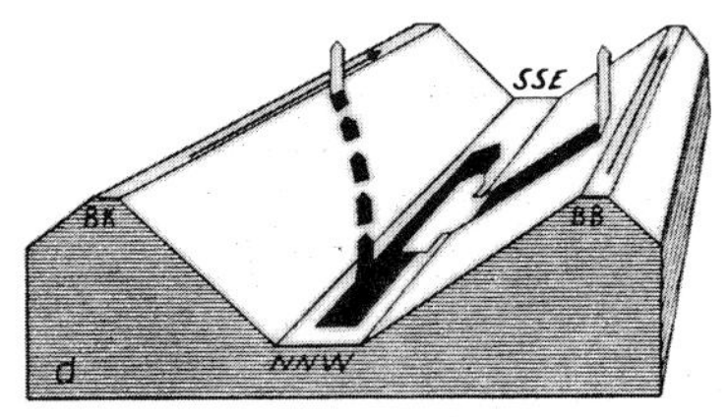

Ganzes Tal besonnt
Einsatzzeit des Talwindes in der ganzen Länge des Tales zur selben Zeit

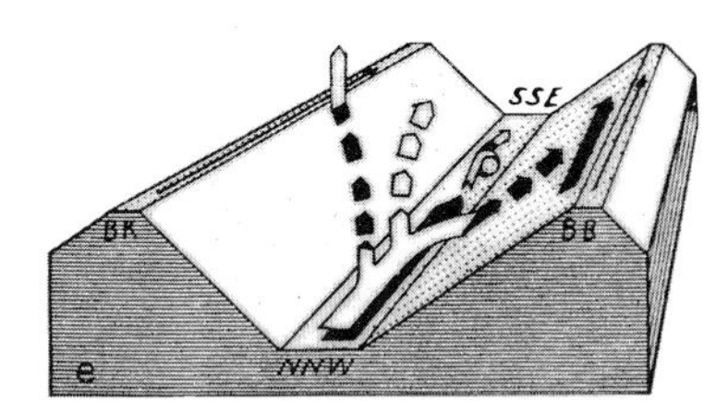

Westhang stärker besonnt als E-Hang

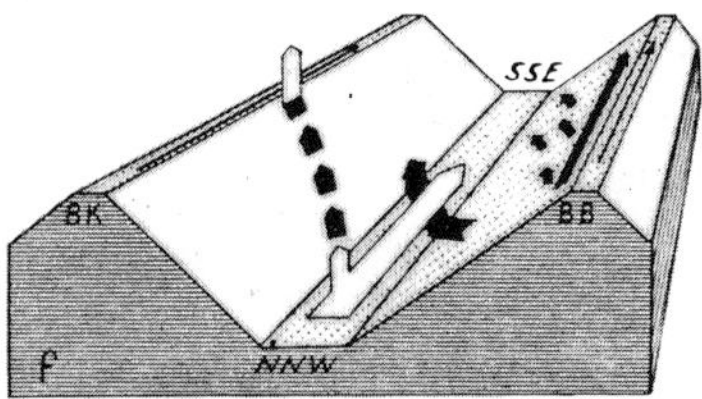

Sonneneinstrahlung am E-Hang nur noch tangierend

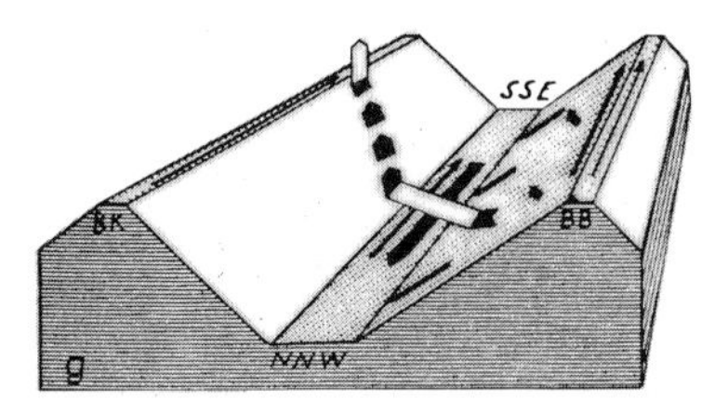

Sonnenuntergang am E-Hang und im Talgrund

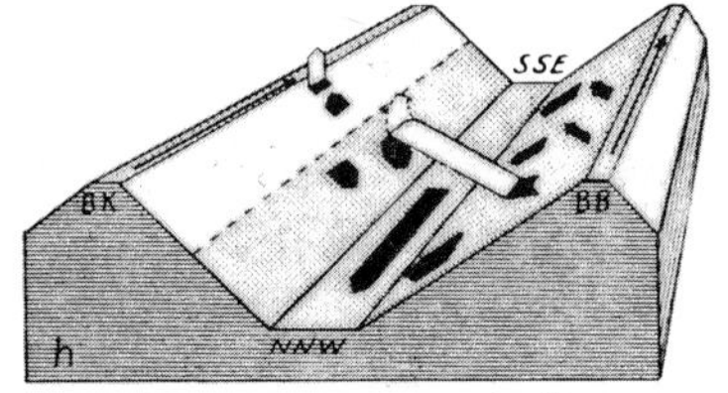

Nach Sonnenuntergang im Tal und am unteren Westhang

Abb. 4.13. Strömungsschema des thermischen Windsystems im Dischmatal in Bodennähe (aus URFER-HENNEBERGER, 1970).

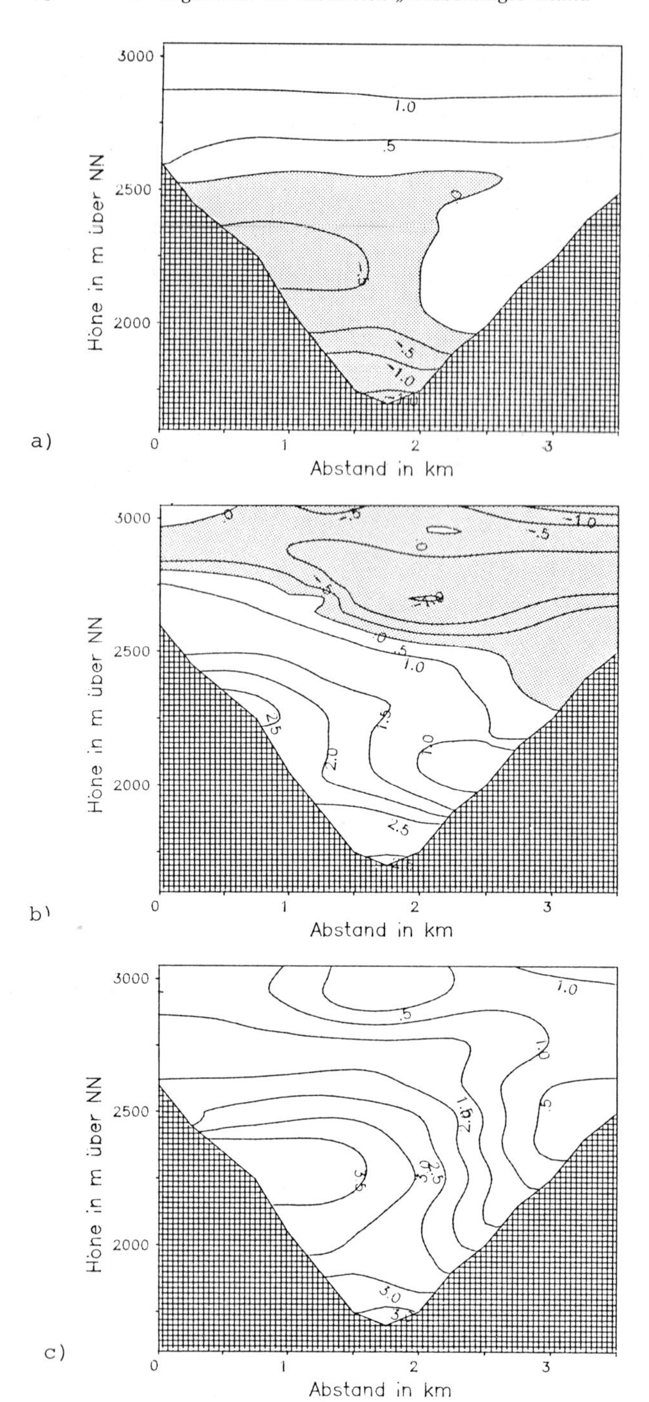

Abb. 4.14. Talparallele Windkomponente in einem Querschnitt des Dischmatals am 11. 08. 1980,
a) um 08.00 MEZ,
b) um 12.00 MEZ,
c) um 16.00 MEZ
(u > O: Talwind).

den nach Sonnenaufgang im ganzen Tal die Talatmosphäre bis etwa 600 m über Grund. Zur Zeit seiner stärksten Ausbildung gegen 16 Uhr reicht der Talwind bis einige 100 m über Kammhöhe (s. Abb. 4.14 a,b,c). Das Geschwindigkeitsmaximum liegt mit 4 bis 6 m/s in 200 bis 400 m über Talgrund (FREYTAG und HENNEMUTH, 1982b; HENNEMUTH und SCHMIDT, 1985). Die Messungen am Talende deuten darauf hin, daß sich die Windverteilung über Grund im Talverlauf nicht wesentlich ändert.

Der nächtliche Bergwind, der zunächst als seichter Talabwind nach dem lokalen Sonnenuntergang am Talboden entsteht, zeigt in seiner Aufbauphase und während der ganzen Nacht eine Doppelschichtung: eine bodennahe Bergwindschicht im unteren Drittel der Talatmosphäre, die im Laufe der Nacht anwächst, und eine obere Talwindschicht unterhalb der Kämme. Die Geschwindigkeitsmaxima liegen bei 3 m/s.

Simulationen der Windverhältnisse mit numerischen Modellen, die die Erwärmungsrate am Boden vorschreiben (EGGER, 1981; ULRICH, 1982), geben die wesentlichen Grundzüge des Windfeldes wieder: Berg- bzw. Talwind, Überlagerung mit den Hangwinden und Querwinde. EGGER (1983) berechnet aus der gemessenen Temperaturverteilung das Druckfeld in der Talatmosphäre und leitet daraus das Windfeld ab. Zu ungestörten Zeiten ist die Übereinstimmung mit Messungen gut, insbesondere sind thermische Querwinde aufgrund der asymmetrischen Erwärmung erkennbar (s. Abb. 4.15).

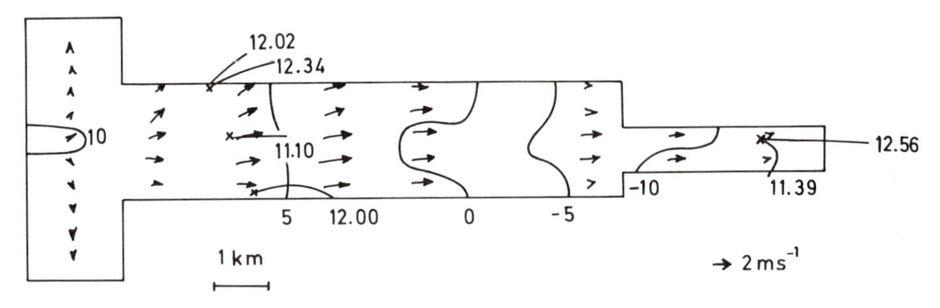

Abb. 4.15. Druckabweichung in Pa in 2400 m NN und abgeleitetes Windfeld im Dischmatal am 11.08.1980, 11.45 bis 12.36 (aus EGGER, 1983).

4.3.2.2 Die Rolle des thermischen Windsystems bei der Erwärmung der Gebirgsgrenzschicht

Über inhomogenem Gelände, insbesondere im Gebirge, wird der Energiehaushalt der Grenzschicht wesentlich von den Advektionstermen bestimmt, die den Einfluß der lokalen Energieumsätze am Boden erheblich modifizieren können.

Aufgrund der dichten zeitlichen und räumlichen Auflösung der Messungen kann tagsüber der Energiehaushalt des Dischmatals bestimmt werden. Die Terme, die die Erwärmung oder Abkühlung der Talatmosphäre bewirken – nämlich Advektion von

Wärme mit dem mittleren Windsystem, Strahlungsstromkonvergenz und Konvergenz des Stromes fühlbarer Wärme – wurden in der Talatmosphäre bis 400 m über Kammhöhe integriert. Die Grundlage für die Berechnung stellt die Bestimmung der Energieumsätze am Untergrund des gesamten Tals dar. Dies wurde unter Zuhilfenahme der Energiebilanzstationen (HALBSGUTH et al., 1984), einem Geländemodell, einer Vegetationskarte und Messungen der Oberflächentemperatur (NODOP und QUENZEL, 1982) von HENNEMUTH und KÖHLER (1984) durchgeführt. Die Flugzeugmessungen geben Aufschluß über die Größe des Wärmeflusses an der Obergrenze der Talatmosphäre (HACKER, 1982).

Das dreidimensionale Temperaturfeld kann aus den Messungen bestimmt werden (HENNEMUTH, 1985). Über das dreidimensionale Windfeld, insbesondere die Vertikalkomponente, sind Annahmen nötig. Dabei werden das Hangwindsystem und die thermischen Querwinde nicht explizit behandelt, da sie lediglich Wärme im Querschnitt umverteilen. Betrachtet werden der Talwind und die daraus resultierende Vertikalbewegung, die wegen des ansteigenden Talbodens ein Aufwind ist. Das Ergebnis der Berechnung der Terme des Energiehaushalts (Abb. 4.16) zeigt als Energiegewinn die Divergenz der fühlbaren Wärme und der Strahlungsbilanz, als Energieverlust die Advektion mit dem Talwind und dem resultierenden Aufwind.

Am Vormittag ist das Talwindsystem noch schwach entwickelt. Die am Untergrund freigesetzte fühlbare Wärme kommt der Talatmosphäre zugute. Im Detail kann BREHM (1986) zeigen, daß die Wärme durch das Hangwindsystem übertragen wird. Am Nachmittag ist das Talwindsystem voll ausgebildet, die Advektionsterme wachsen an und exportieren ab Mittag große Wärmemengen aus dem Dischmatal in das nächstgrößere Davoser Tal. Eine solche übergreifende Talwindzirkulation wird auch von SCHÜEPP und URFER (1963) festgestellt, und das Zusammenwirken zwischen kleinen und großen Tälern wird von STEINACKER (1984) gefordert.

So kann mit der expliziten Berechnung des Energiehaushalts des Dischmatals die These untermauert werden, daß kleine Seitentäler durch Wärmeexport mit dem Talwindsystem tagsüber zur Erwärmung großer Täler wesentlich beitragen.

4.3.3 Grenzschichtstrahlstrom und Höhenvariabilität der turbulenten Flüsse; PUKK-Ergebnisse

4.3.3.1 Grenzschichtstrahlstrom (LLJ)

Unter den charakteristischen, d. h. klimatischen Grenzschichtproblemen zur Nachtzeit spielt der Grenzschichtstrahlstrom wegen seiner Häufigkeit und seiner Bedeutung für den Luftverkehr und die Ausbreitung von Luftverunreinigungen eine große Rolle. Während des Küstenexperimentes PUKK gab es nächtliche Grenzschichtstrahlströme zu verschiedenen Zeiten an verschiedenen Orten und mit unterschiedlicher räumlicher Ausdehnung. Eine Übersicht über das Experiment (s. Tab. 4.3 in Kapitel 4.2.3) sagt, daß

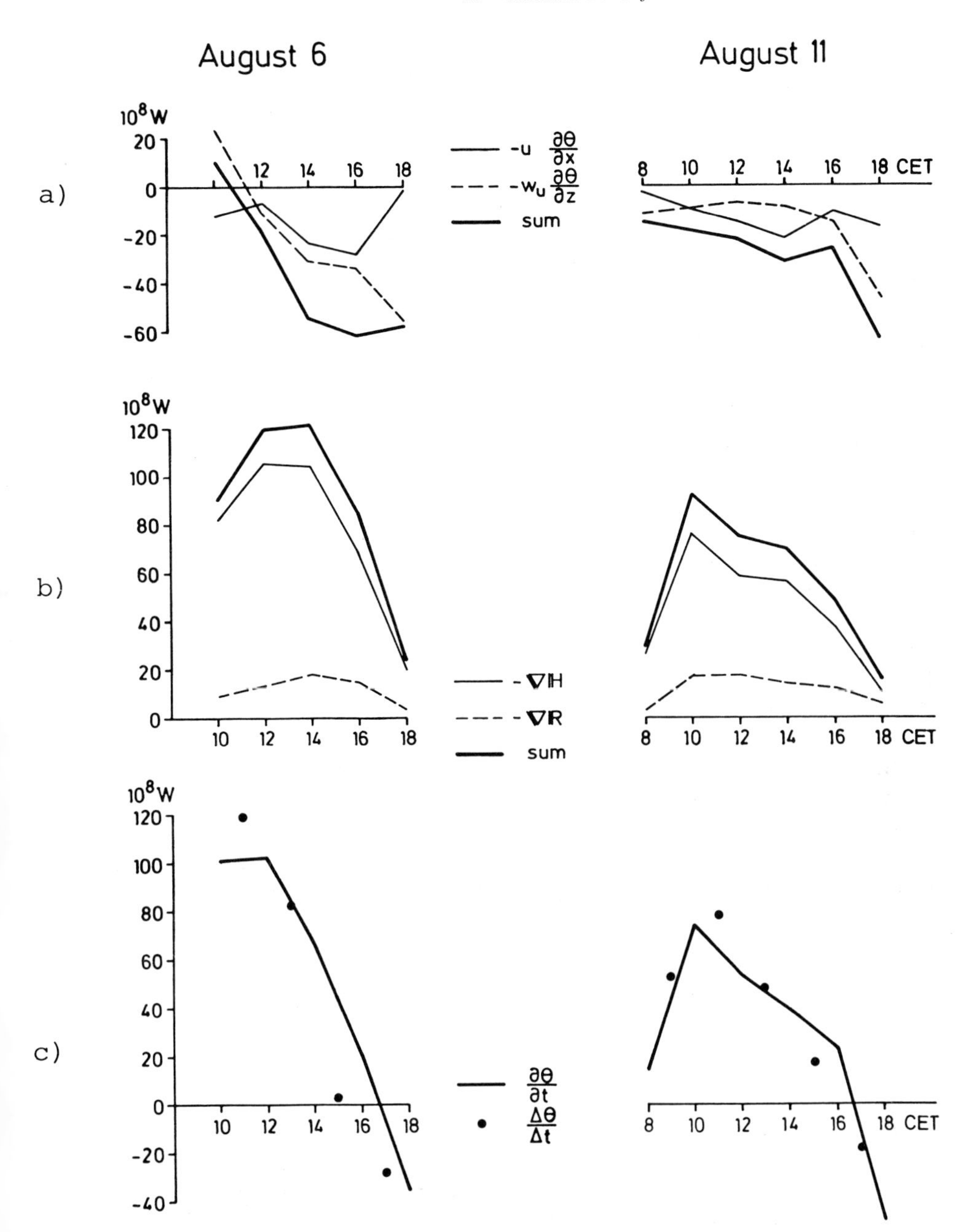

Abb. 4.16. Tagesgang der Terme des Energiehaushaltes der Talatmosphäre am 06.08.1980 und 11.08.1980. a) Horizontale und vertikale Temperaturadvektion, b) Divergenz des fühlbaren Wärmestromes H und Divergenz des Strahlungsstromes R, c) zeitlich lokale Änderung der Temperatur (Punkte: Beobachtungen) (aus Hennemuth, 1985).

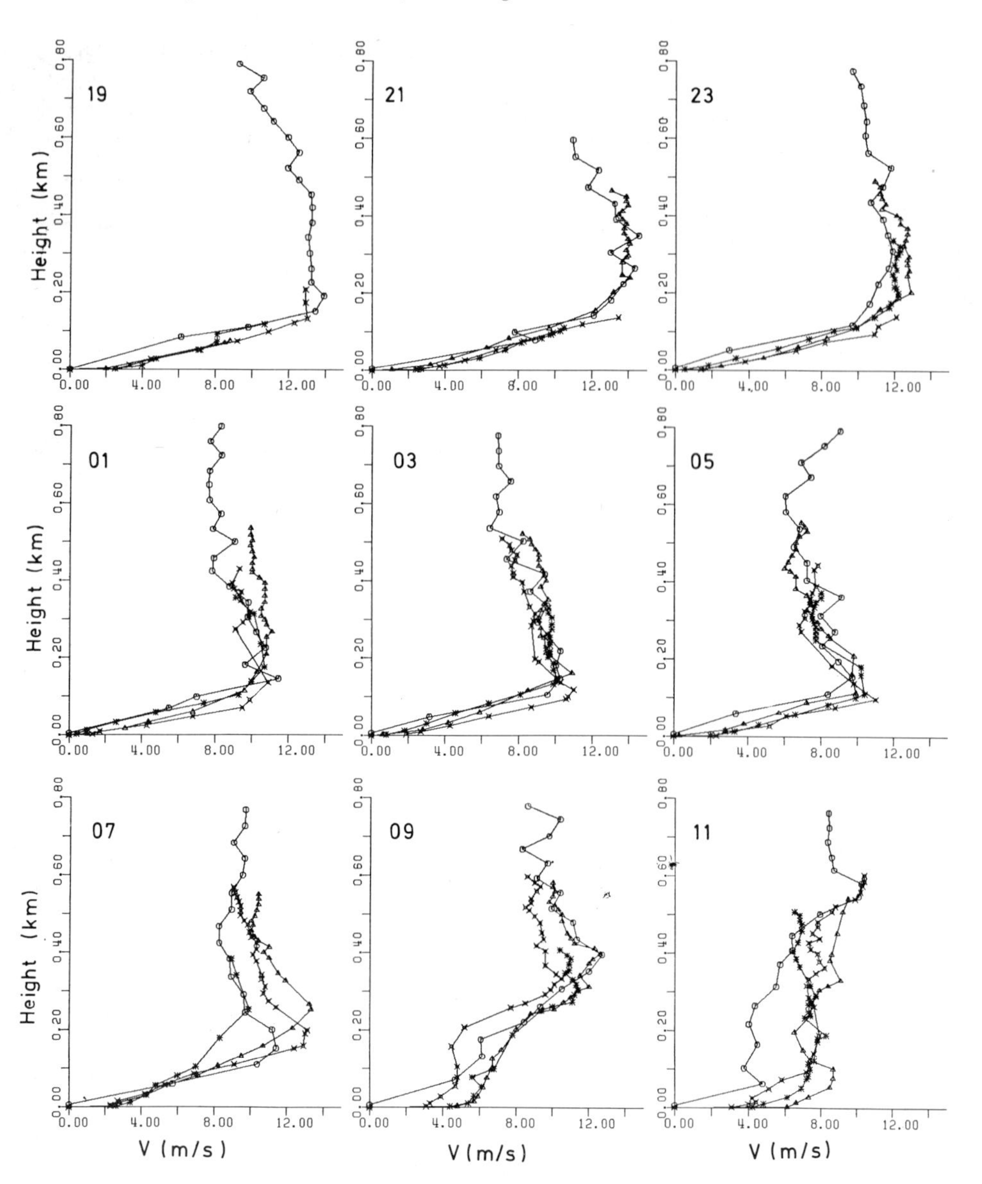

Abb. 4.17. Profile der Windstärke V für die Station Bremervörde (○) und das Fesselsondendreieck Stemmen (▲) - Oldendorf (×) - Ahrenswohlde (⌑) für die Nacht 30. 09./01. 10. 1981. Die Aufstiegszeiten der Pilotballon- und Fesselsondensysteme sind in GMT angegeben (aus KRAUS et al., 1985).

in den Nächten 25./26. 9., 29./30. 9., 30. 9./1.10., 1./2. 10. die Erscheinung aufgetreten sei. LAUDE et al. (1984) zeigen Zeit- und Raumschnitte, die das Phänomen belegen.

Dabei erweist sich, daß nur mit Hilfe des PUKK-Meßnetzes der LLJ in seiner räumlichen und zeitlichen Struktur erfaßt werden konnte.

In diesem Beitrag liegt der Schwerpunkt der Betrachtung auf den Beobachtungen von Station M (80 km entfernt von der Küste) und Bremervörde (50 km von der Küste entfernt). Der „schönste" LLJ in diesem Raum zeigte sich in der Nacht vom 30. 9. zum 1. 10. Die Windprofile der vier bis zu 40 km voneinander entfernten Meßstellen sind verblüffend ähnlich (s. Abb. 4.17). Es gelang außerdem, diesen Fall mit Hilfe eines integrierten dynamischen Modells (Malcher und Kraus, 1983) zu simulieren (s. Abb. 4.18 und 4.19).

•——•
Obere Schicht bei Nacht, 18.00 - 07.00 GMT: Darstellung des mittleren Windvektors zwischen 987 und 936 hPa

▲······▲
Untere Schicht bei Nacht, 18.00 - 07.00 GMT; Darstellung des mittleren Windvektors zwischen 1000 und 987 hPa

o- - - -o
Grenzschicht bei Tage, 07.00 - 18.00 GMT; Darstellung des mittleren Windvektors zwischen 1000 und 936 hPa

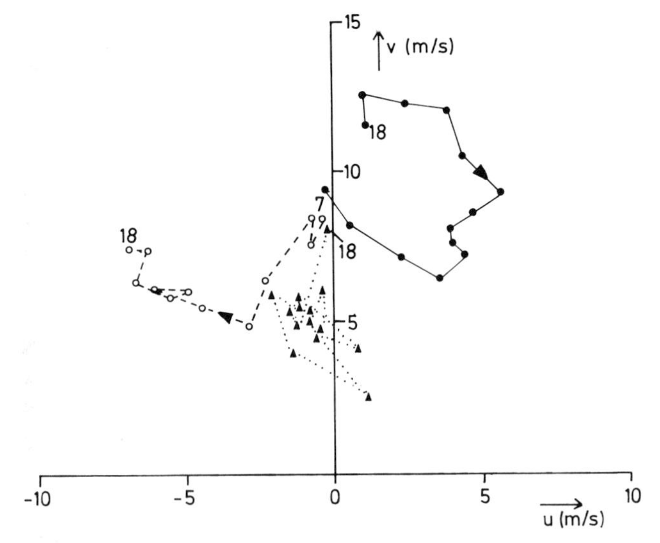

Abb. 4.18. Beobachtete Windhodographen für Bremervörde für das 24h-Intervall 30. 09. 1981 18.00 GMT bis 01. 10. 1981 18.00 GMT (aus Kraus et al., 1985).

Die angegebene Literatur erlaubt einen tieferen Einblick in das Problem jenes Typs eines Grenzschichtstrahlstroms, der sich als Trägheitsschwingung entwickelt; sie zeigt dazu auch viele Abbildungen. Es wird außerdem klar, daß sich enorme Geschwindigkeiten – selbst bei nicht zu großen Werten des geostrophischen Windes – entwickeln können, wenn der geostrophische Wind sich während der Nacht ändert.

Diese Studie zeigt den Wert eines derartigen Experimentes an nur einem kleinen Teilproblem: PUKK erlaubte es, diese Fälle zu erfassen; sein Meßnetz gestattete die Bestimmung des LLJ, seines zeitlichen Verlaufes und seiner räumlichen Ausdehnung; das experimentelle Ergebnis regte zur Modellierung an.

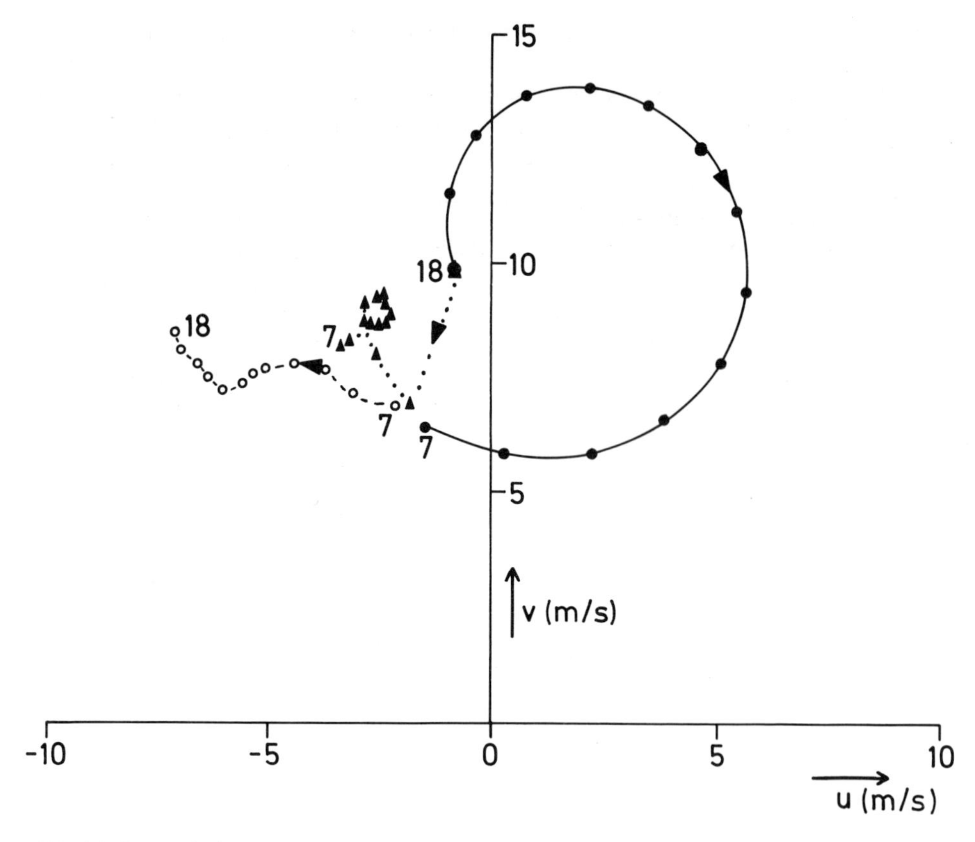

Abb. 4.19. Numerische Simulation der Windhodographen für dieselben Schichten wie in Abb. 4.18 (aus KRAUS et al., 1985).

4.3.3.2 *Die Höhenvariabilität der turbulenten Flüsse*

Die klimatische Bedeutung der turbulenten Flußdichten in Bodennähe wurde schon vor der Jahrhundertwende erkannt. Die Bedeutung ihrer Divergenz mit der Höhe begann sich aber erst viel später (etwa in der Mitte der fünfziger Jahre; siehe z. B. Kraus, 1958) zu erhellen.

Eine ausführliche Fallstudie über die Höhenvariabilität der turbulenten Flüsse konnte während der zweiten PUKK-Intensivmeßphase an der Station M (80 km von der Küste entfernt) gewonnen werden: Sie umfaßt nahezu lückenlose stündliche Fesselsondierungen an den Stationen Oldendorf, Ahrenswohlde und Stemmen sowie sechsstündige Radiosondenaufstiege und bodennahe komplette Energiebilanzen an der Station Klein-Meckelsen über insgesamt mehr als zwei Tage (vgl. Abb. 4.20 zur Stationsanordnung). Mit diesen Messungen wurden in einer diagnostischen Studie, die von den Erhaltungssätzen ausgeht, sämtliche die Divergenz der turbulenten Flüsse bestimmenden Prozesse einzeln berechnet (Details vgl. Schaller, 1983).

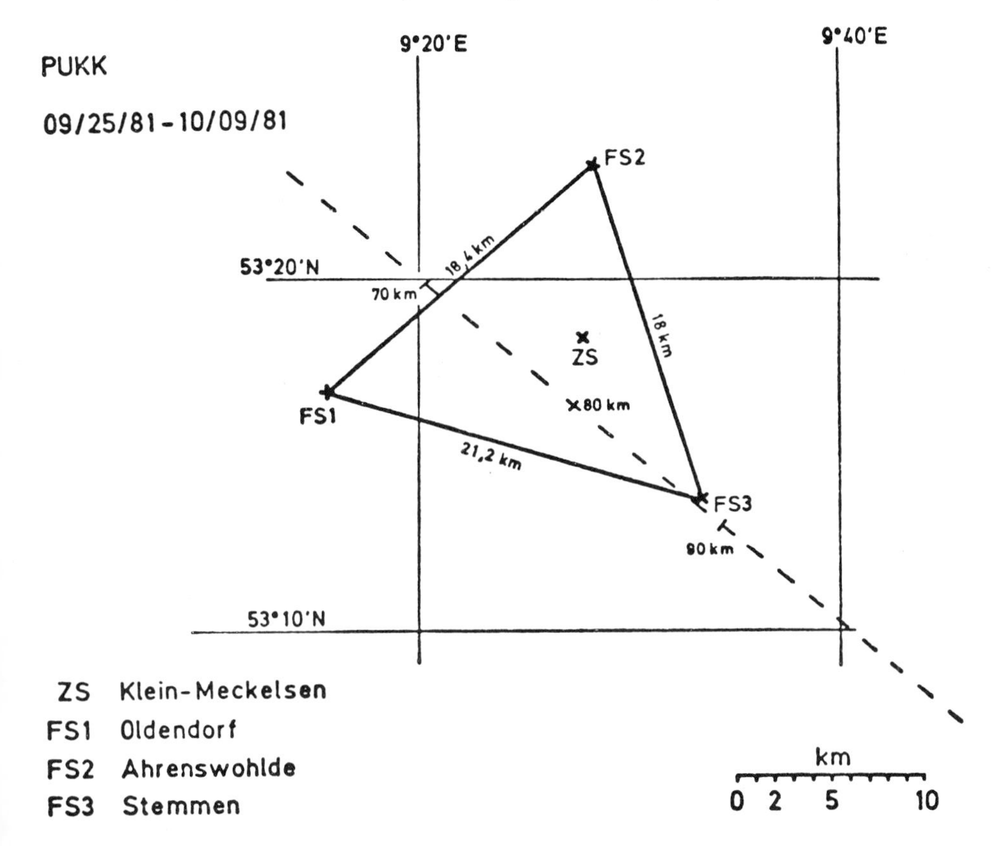

Abb. 4.20. Anordnung der einzelnen Meßorte der PUKK-Station „M" etwa 80 km von der Nordseeküste entfernt.

a)

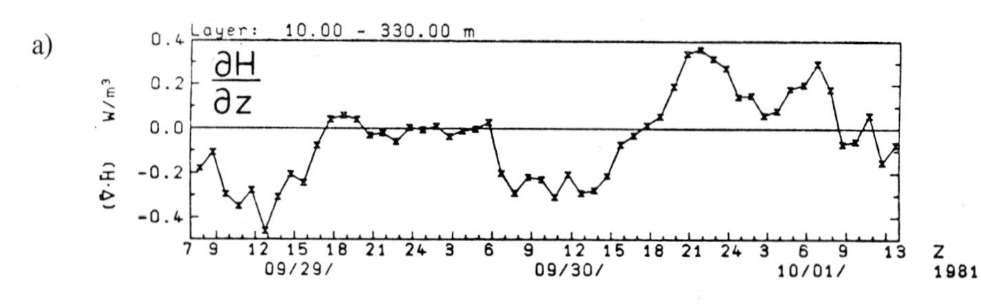
Layer: 10.00 - 330.00 m
∂H/∂z
(∇·F) W/m³
0.4
0.2
0.0
-0.2
-0.4
7 9 12 15 18 21 24 3 6 9 12 15 18 21 24 3 6 9 13 Z
09/29/
09/30/
10/01/
1981

b)

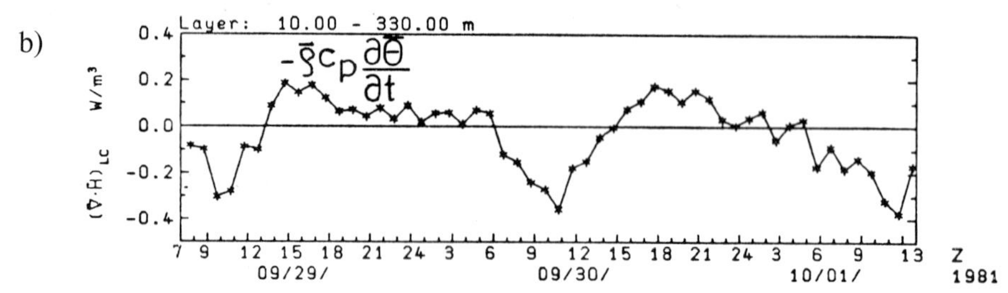
Layer: 10.00 - 330.00 m
-ϱ̄c_p ∂Θ̄/∂t
(∇·F)_LC W/m³
0.4
0.2
0.0
-0.2
-0.4
7 9 12 15 18 21 24 3 6 9 12 15 18 21 24 3 6 9 13 Z
09/29/
09/30/
10/01/
1981

c)

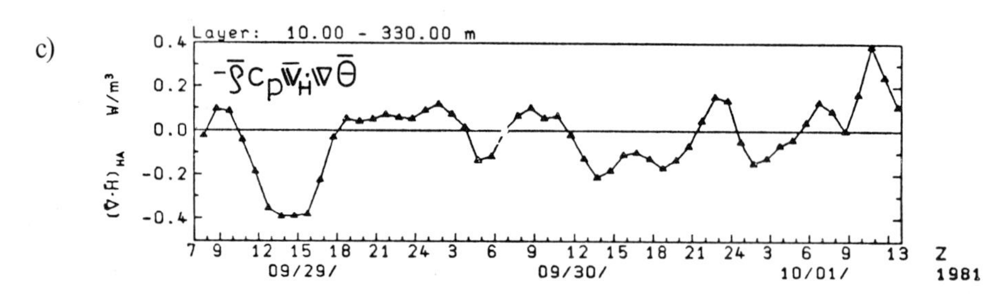
Layer: 10.00 - 330.00 m
-ϱ̄c_p V̄_H·∇Θ̄
(∇·F)_HA W/m³
0.4
0.2
0.0
-0.2
-0.4
7 9 12 15 18 21 24 3 6 9 12 15 18 21 24 3 6 9 13 Z
09/29/
09/30/
10/01/
1981

d)

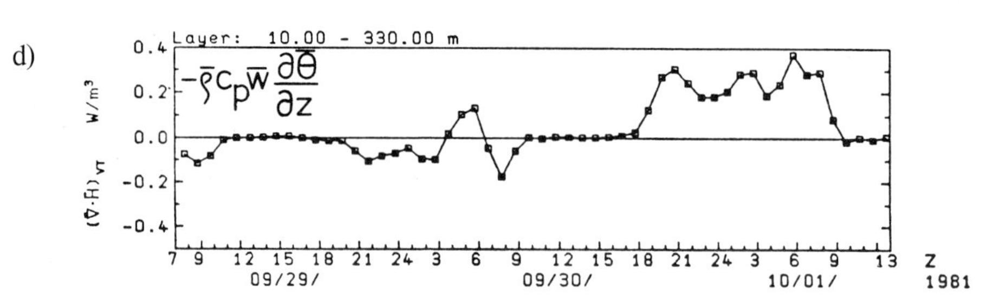
Layer: 10.00 - 330.00 m
-ϱ̄c_p w̄ ∂Θ̄/∂z
(∇·F)_VT W/m³
0.4
0.2
0.0
-0.2
-0.4
7 9 12 15 18 21 24 3 6 9 12 15 18 21 24 3 6 9 13 Z
09/29/
09/30/
10/01/
1981

e)

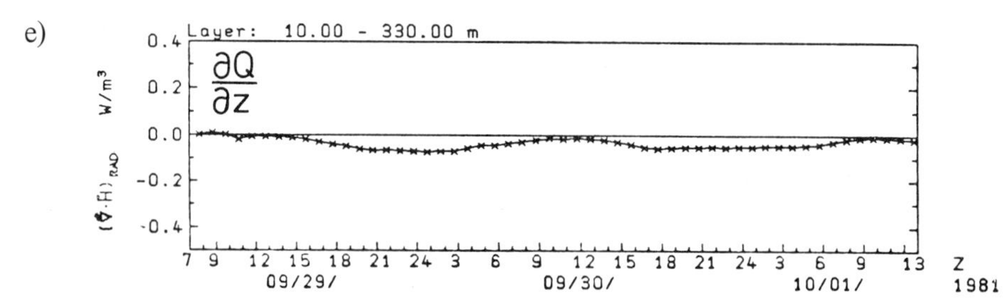
Layer: 10.00 - 330.00 m
∂Q/∂z
(∇·F)_RAD W/m³
0.4
0.2
0.0
-0.2
-0.4
7 9 12 15 18 21 24 3 6 9 12 15 18 21 24 3 6 9 13 Z
09/29/
09/30/
10/01/
1981

Abbildung 4.21 zeigt ein exemplarisches Ergebnis; dargestellt sind in den Teilen b) bis e) der Abbildung die Anteile der lokalzeitlichen Änderung potentieller Temperatur $(\vec{\nabla} \cdot \vec{H})_{LC}$, der horizontalen Advektion $(\vec{\nabla} \cdot \vec{H})_{HA}$, des mittleren vertikalen Transports $(\vec{\nabla} \cdot \vec{H})_{VT}$ sowie der Strahlungsbilanzdivergenz $(\vec{\nabla} \cdot \vec{H})_{RAD}$ an der in Abbildung 4.21a gezeigten mittleren Divergenz des Flusses fühlbarer Wärme für die Schicht zwischen 10 und 330 m über Grund. Es sei angemerkt, daß diese Abbildung die beiden im vorhergehenden Abschnitt 4.3.3.1 erwähnten Low-Level-Jet-Nächte vom 29./30.9. und vom 30.9./1.10.1981 enthält. Folgende Schlußfolgerungen sind aus diesem Bild zu ziehen:

- Alle Teilprozesse müssen berücksichtigt werden, um ein korrektes Bild der turbulenten Flußdivergenz und damit des Vertikalprofils der turbulenten Flüsse zu bekommen.
- Terme wie die Horizontaladvektion und (in der zweiten Nacht) der mittlere vertikale Transport spielen eine wichtige, bisweilen die dominierende Rolle. Diese Prozesse werden in der Literatur meist nicht berücksichtigt. Es sei angemerkt, daß es sich bei den hier diskutierten beiden Nächten um sogenannte ruhige, klare Herbstnächte handelt.
- Die Strahlungsdivergenz spielt auch in einer 330 m dicken Schicht eine modifizierende, aber - besonders in den Nächten - nicht zu vernachlässigende Rolle.
- Es ergibt sich ein deutlicher Unterschied in der Turbulenzstruktur zwischen beiden Nächten, obwohl diese in den mittleren Größen sehr ähnlich sind. Dies hat eine ganze Reihe von Konsequenzen u. a. für die zeitabhängige Modellierung der nächtlichen Grenzschicht.

Daraus ergeben sich typische Vertikalprofile der turbulenten Flüsse, die eine Menge Struktur aufweisen. Ein Beispiel zeigt Abbildung 4.22 in normierter Form für 2.45 Z am 30.9.1981. Da der Bodenfluß H_O zu dieser Zeit negativ ist, bedeutet eine Zunahme des Verhältnisses $H(z)/H_O$, daß der Einfluß der Strahlungsabkühlung und/oder der Advektion kühlerer Luft und/oder des mit Aufsteigen verbundenen mittleren Vertikaltransports denjenigen einer Stahlungserwärmung, Advektion wärmerer Luft und/oder mit Absinken verbundenen vertikalen Transports überwiegt; das Umgekehrte gilt bei Abnahme des Verhältnisses $H(z)/H_O$. Aus dieser Aufzählung wird unmittelbar deutlich, daß es mehrere Realisationsmöglichkeiten des gleichen typischen Vertikalprofils gibt.

Abschließend sei mit Abbildung 4.23 angedeutet, daß die Vertikalstruktur der turbulenten Flüsse mit den PUKK-Daten auf zwei verschiedenen Skalen untersucht werden kann. In dieser Abbildung sind die Ergebnisse des schon erwähnten Dreiecks Oldendorf - Stemmen - Ahrenswohlde mit einer typischen Horizontalskala von 20 km und

◄ *Abb. 4.21.* Zeitreihe der gemittelten Divergenz des Flusses fühlbarer Wärme für die Schicht zwischen 10 und 330 m über Grund (oberstes Teilbild). Die Abbildungen b) bis e) zeigen, wie sich diese Divergenz aus den beteiligten Prozessen zusammensetzt; die Bezeichnungen bedeuten: H turbulenter Fluß fühlbarer Wärme, Θ potentielle Temperatur, c_p spezifische Wärme; ϱ Luftdichte, **v** Windvektor, w Vertikalgeschwindigkeit und Q Strahlungsbilanz.

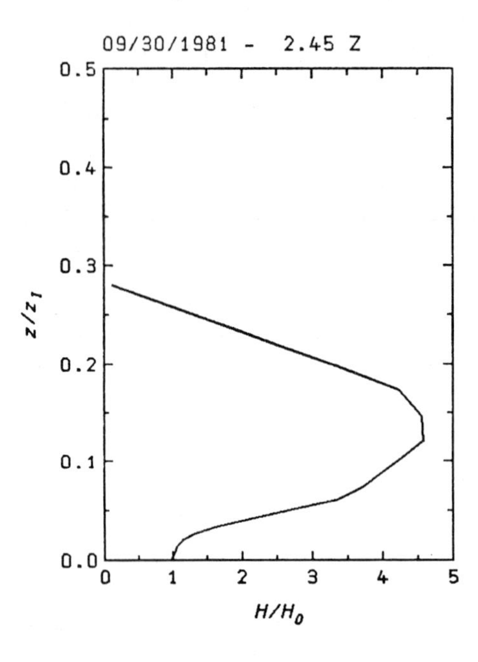

Abb. 4.22. Charakteristisches nächtliches Vertikalprofil des Flusses fühlbarer Wärme während der zweiten PUKK-Intensivmeßphase. Die Skalierungsparameter sind: $H_O = -7.5$ W m^{-2}, $Z_I = 1500$ m.

eines Dreiecks Appingedam/Niederlande - Hannover - Schleswig mit einer typischen Horizontalskala von 220 km, die von KALTHOFF (1985) bestimmt wurden, gegenübergestellt. Es sind sechsstündige Mittelwerte der turbulenten Flüsse fühlbarer und latenter Wärme für den Zeitraum 29.9.1981, 23 Z bis 30.9.1981, 5 Z miteinander verglichen. Eine ausführliche Diskussion dieser Ergebnisse erfolgt demnächst in der Literatur.

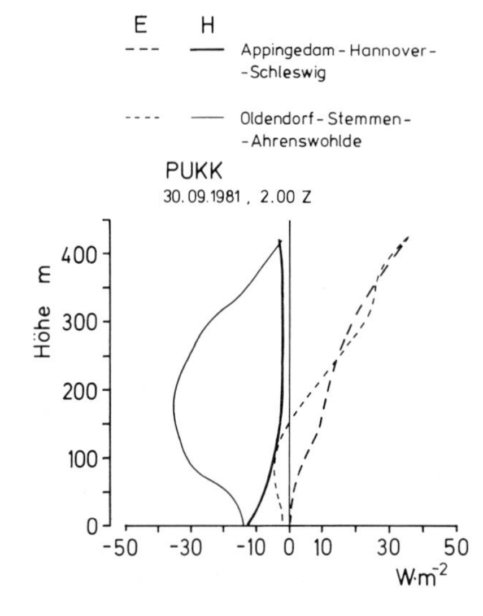

Abb. 4.23. Vertikalprofile der 6-Stunden-Mittelwerte der Flüsse fühlbarer (H) und latenter Wärme (E) für die Dreiecke Oldendorf - Stemmen - Ahrenswohlde (mittlere Horizontalentfernung: ca. 20 km) und Appingedam/NL - Hannover - Schleswig (mittlere Horizontalentfernung: ca. 220 km).

4.3.4 Das thermische Windsystem in einem großen Alpental; MERKUR-Ergebnisse

Das Experimentiergebiet von MERKUR war das untere Inntal nahe seiner Einmündung ins Vorland und das Vorland selbst. Die Verhältnisse in der Atmosphäre eines Talabschnitts spiegeln sowohl die Wirkungen der Prozesse an den Hängen wider als auch die Wirkungen des gesamten Einzugsgebiets. Das Experiment war so angelegt, daß die advektiven Prozesse, in denen sich die Wechselwirkung zwischen den verschiedenen Bereichen des Gesamtsystems ausdrückt, untersucht werden konnten. Die Auswertungen stützten sich dabei zunächst vorwiegend auf die erste Intensivmeßphase (1. SOP), während der ein relativ störungsfreies thermisches Windsystem ausgebildet war.

4.3.4.1 Entwicklung des Windfeldes

Erster Gegenstand der Untersuchungen war die Entwicklung des Windfeldes. Die grundlegenden Erkenntnisse aus früheren Experimenten (etwa der zeitliche Ablauf mit charakteristischen Verzögerungen des Umschlags Bergwind ↔ Talwind von einigen Stunden gegenüber dem Umschlag der Hangwinde oder die obere Begrenzung des Windsystems in Kammhöhe) konnten in einigen Punkten vertieft und ergänzt werden:

- In den Arbeiten von Reiter et al. (1984) und Müller et al. (1984) werden bei der Beschreibung des zeitlichen Ablaufs besonders die Umschlagzeiten Bergwind ↔ Talwind behandelt. Der Aufbau des Bergwindes vom Boden her und - im Gegensatz dazu - der Abbau des Bergwindes und das Einsetzen des Talwindes in mittleren Höhen der Talatmosphäre spiegeln die unterschiedliche Entwicklung der entsprechenden horizontalen Temperaturgradienten wider (s. Abschn. 4.3.4.2).
- Die recht inhomogene Struktur des Inntals im Experimentiergebiet stellt ein erhebliches Problem bei der Beurteilung der Ergebnisse dar. Der Einfluß lokaler Effekte führt besonders in den Umschlagzeiten zu Abweichungen. Dies wird für die Station Radfeld in Reiter et al. (1984) dargestellt, während Müller et al. (1984) auf die Unterschiede in der Entwicklung des Windfeldes über den drei Talstationen Niederbreitenbach, Radfeld und Schwaz eingehen.
  Am Beispiel der Umschlagzeiten wird von Freytag (1983) gezeigt, daß kein einheitlicher oder geordneter Umschlag stattfindet (etwa in Form einer Talwind- oder Bergwindfront). Wesentlich ist aber, daß außerhalb der Umschlagzeiten das Windfeld im Talquerschnitt relativ homogen ist, so daß Messungen in Talmitte als repräsentativ für den gesamten Talquerschnitt gelten können.
- Umfangreiche Messungen auch über dem Vorland erlauben Aussagen über die Reichweite und Ausbildung von Berg- und Talwind vor der Gebirgsschwelle. Diese Aspekte werden von Pamperin und Stilke (1985) untersucht. Sie stellen während mehrerer Nächte (auch außerhalb der 1. SOP) die Ausbildung eines Low-Level-Jets

(LLJ) über dem Vorland in der Verlängerung des Tals fest (s. Abb. 4.24), der in einzelnen Fällen noch über dem 25 km entfernten Kobel nachweisbar ist. Charakteristisch ist eine Verdopplung der Maximalgeschwindigkeit gegenüber dem Bergwind im Tal (auf Werte bis zu 16 m/s) und eine Reduzierung der Höhenerstrekkung auf die Hälfte. Wind- und Temperaturfeld sind dabei eng gekoppelt: Das Bergwind-(und LLJ-)Maximum liegt in der Inversion, Inversionsobergrenze und Windminimum stimmen im wesentlichen überein.

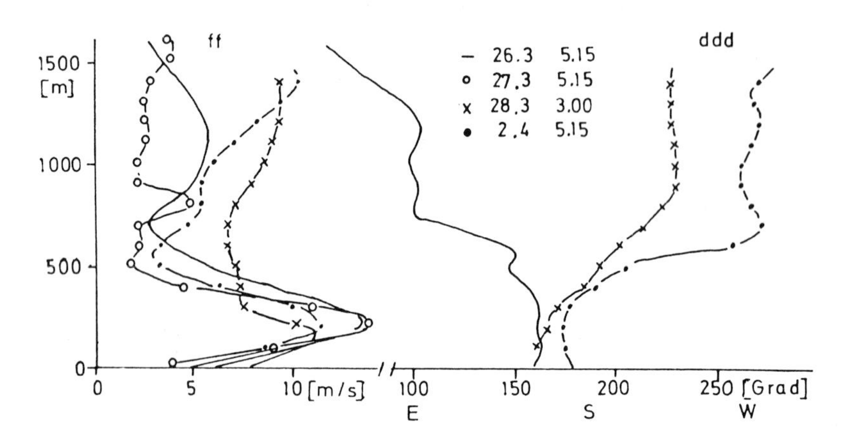

Abb. 4.24. Vertikalprofile der Windstärke (ff) und der Windrichtung (ddd) während MERKUR an der Station Thalreit um 05.15 GMT (nach Pamperin und Stilke, 1985).

- Die Windverhältnisse oberhalb der Kämme (großräumige Ausgleichsströmung und Antiwinde) werden von Reiter et al. (1984) behandelt. Sie beschreiben eine großräumige Abschwächung des Windfeldes über den Kämmen tagsüber und führen dies auf die generelle Beeinflussung der atmosphärischen Grenzschicht durch das Gebirge zurück. Mit einer gewissen Vorsicht lassen sich bestimmte Phänomene im Windfeld als Antiwind interpretieren. Spätere Abschätzungen zeigen allerdings, daß ein solcher Antiwind nur in Ausnahmefällen direkt im Windfeld nachgewiesen werden kann (s. Abschn. 4.3.4.3).

4.3.4.2 Temperaturfeld und horizontale Druckgradienten

- Der Mechanismus der Talerwärmung durch die Hangaufwinde und ihre Kompensation durch Absinken über der restlichen Talatmosphäre, der schon bei DISKUS ausführlich untersucht wurde, spiegelt sich auch in den Temperaturfeldern während MERKUR wider. Reiter et al. (1984) beschreiben etwa die Vorgänge während des Abbaus des Bergwindes (und der Inversion) und stellen das charakteristische kompensierende Absinken im oberen Talbereich mit dem Einsetzen des Talwindes in diesem Bereich in Beziehung.

- Die für die Entwicklung von Bergwind (u<o) und Talwind (u>o) wesentlichen Temperaturgradienten $\partial\Theta/\partial x$ zwischen Tal und Vorland und innerhalb des Tals werden von FREYTAG (1985) untersucht. Es zeigt sich, daß sich die positiven Temperaturgradienten (Nachtsituation, im Tal kälter als über dem Vorland) vom Talboden her durch von den Hängen abfließende Kaltluft aufbauen, während der Aufbau der negativen Temperaturgradienten (Tagsituation, im Tal wärmer als über dem Vorland) in etwa 400 m über Grund beginnt, was die Erwärmung der Talatmosphäre von oben her (durch kompensierendes Absinken) widerspiegelt (s. Abb. 4.25).

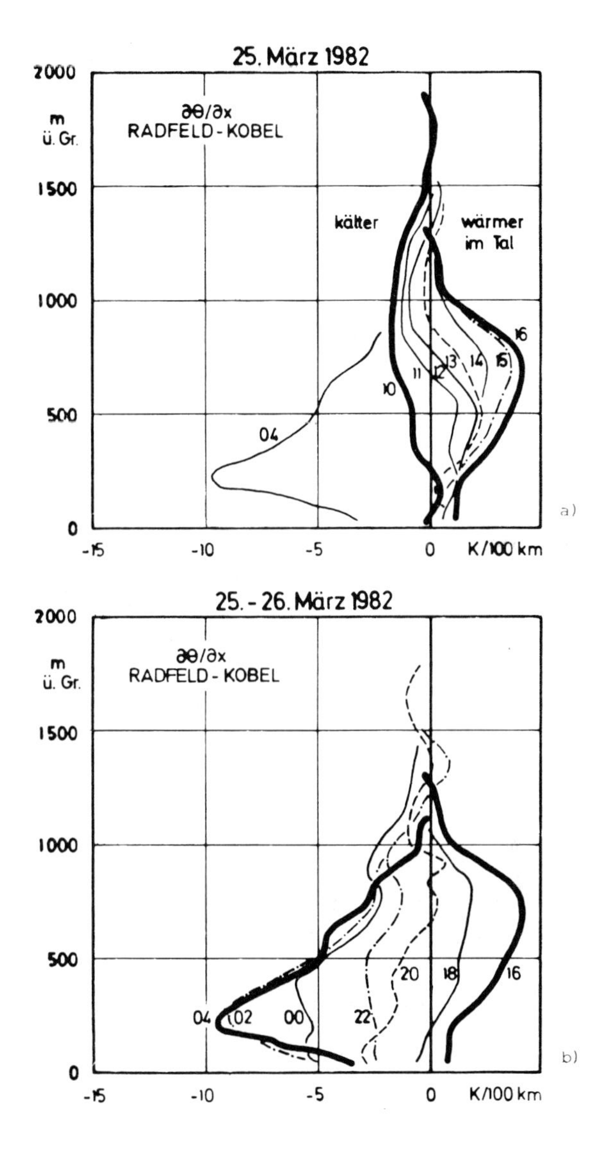

Abb. 4.25. Entwicklung der Temperaturgradienten längs der Talachse bei MERKUR während der Erwärmungsphase a) (10.00 bis 16.00 Uhr GMT) und während der Abkühlungsphase b) (16.00 bis 04.00 Uhr GMT) (nach FREYTAG, 1985).

Diese Ergebnisse stimmen mit den Windfelduntersuchungen weitgehend überein. Es zeigt sich in beiden Fällen, daß die Tagsituation nicht einfach eine spiegelbildliche Wiederholung der Nachtsituation mit umgekehrten Vorzeichen ist - eine Erkenntnis, um die die bekannten Schemata des Berg- und Talwindes (etwa in DEFANT, 1949) ergänzt werden müssen.

- Darstellungen der aus den Temperaturgradienten resultierenden Druckgradienten längs des Tals geben FREYTAG (1983), REITER et al. (1984) und MÜLLER et al. (1984). Die stärksten Druckgradienten treten im unmittelbaren Grenzbereich Tal - Vorland auf (mit $\partial p/\partial x \gtrsim 0.03$ hPa/km), aber auch innerhalb des Tals herrschen horizontale Temperatur- und Druckgradienten, die den Berg- bzw. Talwind verstärken (s. Abb. 4.26).

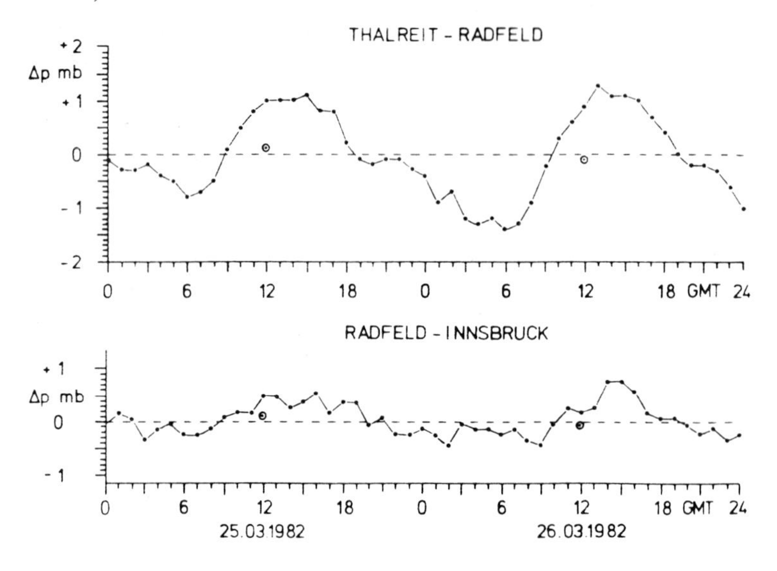

Abb. 4.26. Zeitlicher Verlauf der Luftdruckdifferenz Δp am Boden zwischen den einzelnen Stationen während MERKUR, ⊙ Tagesmittelwerte der Luftdruckdifferenz (nach MÜLLER et al., 1984).

4.3.4.3 Massenhaushalt und Zirkulationsschema

Die Meßanordnung von MERKUR ermöglicht es, wenn auch unter starken Vereinfachungen und mit zusätzlichen Annahmen, für bestimmte Talabschnitte Haushalte der Masse, der Energie, des Impulses und der Feuchte aufzustellen. Schon frühere Untersuchungen machten die große Rolle advektiver Prozesse (Absinken und Aufsteigen, Advektion längs des Tals) für die Energetik und Dynamik der Talatmosphäre deutlich. In FREYTAG (1987) wird versucht, diese Bewegungsabläufe, insbesondere die Vertikalbewegungen, die sich einer direkten Messung weitgehend entziehen, aus dem Massenhaushalt von Abschnitten der Talatmosphäre abzuleiten.

- Auch die Ergebnisse dieser Untersuchungen zeigen, daß sich Tag- und Nachtsituation grundsätzlich unterscheiden. Nachts kann man von *einer* geschlossenen Zirkulation sprechen. Die Hangabwinde speisen die Bergwinde in den Seitentälern, diese fließen in das Haupttal ab und speisen den Bergwind dort. Über dem Vorland führt der ausfließende Bergwind zu kompensierendem Aufsteigen und einem Rückfluß ins Gebirge als Antibergwind geringer Stärke (einige 10 cm/s). Vertikalbewegungen im Tal selbst, etwa ein Aufsteigen, das die Hangabwinde kompensiert, treten nur in Umschlagzeiten auf. Die energetische Wirkung der Hänge und des Einzugsgebiets wird dem Haupttal über Advektion längs des Tals vermittelt.

- Tagsüber finden wir demgegenüber *drei* Zirkulationen von verschiedenem Scale, die miteinander in Wechselwirkung stehen. Die Hangaufwinde werden lokal durch Absinken im Tal kompensiert (auf diese Weise teilt sich die energetische Wirkung der Hänge der gesamten Talatmosphäre mit). Die Talwinde in die Seitentäler hinein führen zu zusätzlichem kompensierendem Absinken über dem Haupttal (auf diese Weise teilt sich die Wirkung der energetisch effektiveren Seitentäler dem Haupttal mit). Absinken über dem Vorland und ein schwacher Antitalwind aus dem Gebirge ins Vorland schließen das System.

- Die aus dem Massenhaushalt berechneten Vertikalbewegungen (s. Abb. 4.27) gehen als wichtige Größe in Energie-, Impuls- und Feuchtehaushalt ein. Die Ergebnisse untermauern vor allem die Rolle des Einzugsgebiets mit seinen thermisch effektiven Seitentälern und Hochflächen für die Energetik des Haupttals.

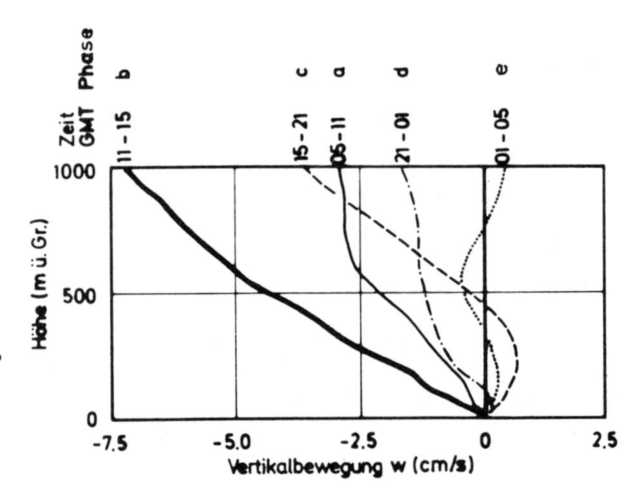

Abb. 4.27. Profile der Vertikalbewegungen während der 1. SOP von MERKUR (25./26. 03. 1982) für den Talabschnitt Niederbreitenbach – Schwaz (nach FREYTAG, 1987).

4.3.4.4 Energiehaushalt

Der Verlauf von Wind und Temperatur legt eine Einteilung des Tageszyklus in vier Phasen nahe: a - Erwärmung und Bergwind, b - Erwärmung und Talwind, c - Abkühlung und Talwind und d - Abkühlung und Bergwind (s. Abb. 4.28, Phase d ist dort in zwei Subphasen d und e unterteilt).

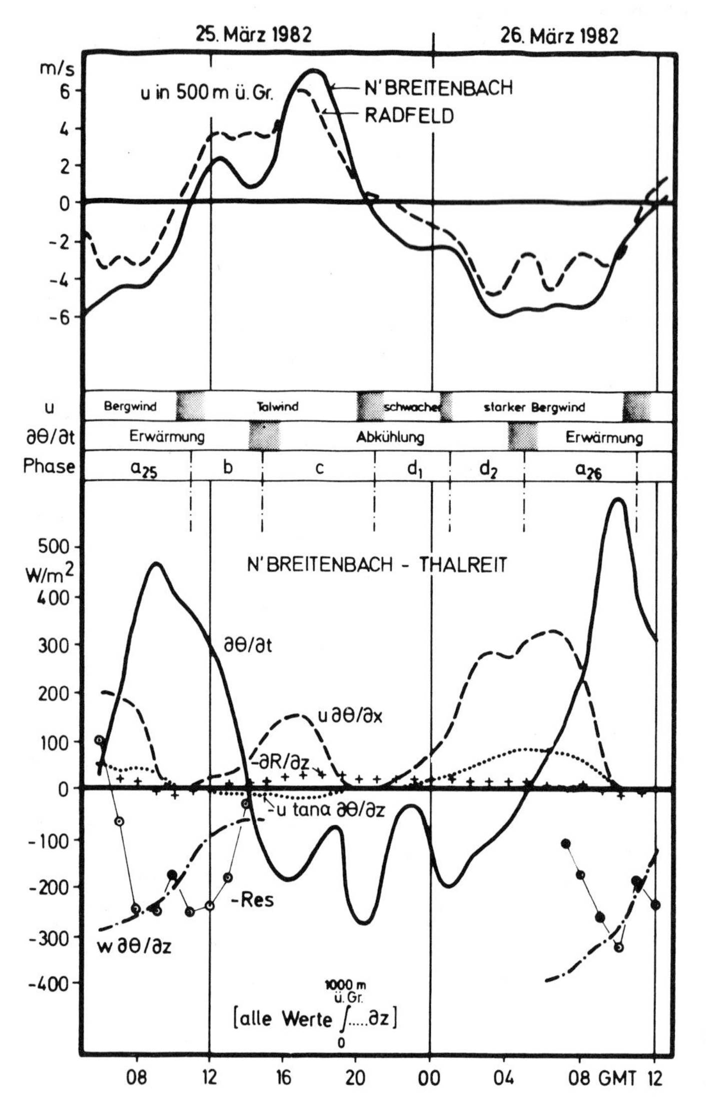

$\partial\Theta/\partial t$ Erwärmung/Abkühlung (Θ potent. Temperatur)
u $\partial\Theta/\partial x$ Advektion längs des Tals
u tan α $\partial\Theta/\partial x$ Advektion längs des Tals aufgrund der Talneigung
w $\partial\Theta/\partial z$ Advektion durch Aufsteigen/Absinken
$\partial R/\partial z$ Divergenz des Strahlungsflusses
- Res Restterm: Divergenz des Stromes fühlbarer Wärme + vernachlässigte Größen.

Abb. 4.28. Windverlauf (oben), Phaseneinteilung und Verlauf der Terme des Energiehaushaltes (unten) (nach FREYTAG, 1985).

Berechnungen des Energiehaushalts in FREYTAG (1985) lassen die wechselnde Rolle der Advektion während dieser Phasen erkennen. Während die vertikale Advektion $w\,\partial\Theta/\partial z$ besonders in Phase a und in Phase b als zusätzliche Wärmequelle wichtig ist (Absinken bei stabiler Schichtung), wirkt die Advektion längs des Tals $u\,\partial\Theta/\partial x$, die stets Advektion kälterer Luft ist, vorwiegend in den Phasen c und d während der stärksten Ausbildung von Berg- und Talwind (s. Abb. 4.28).

Der Beitrag der Strahlungsdivergenz ($-\partial R/\partial z$) ist von untergeordneter Bedeutung, ebenso der Term $-\,u \tan\alpha\,\partial\Theta/\partial z$, der die Wirkung der Talbodenneigung widerspiegelt. Die Ergebnisse zeigen, daß eine nur lokale Beschreibung (unter Vernachlässigung advektiver Prozesse) unzureichend ist.

4.3.4.5 Ausblick

Die Auswertung von MERKUR als letztem Experiment im Rahmen des Schwerpunktprogramms ist noch nicht abgeschlossen.

Erste Ergebnisse zum Energie-, Massen- und Impulshaushalt wurden inzwischen veröffentlicht, diejenigen zum Feuchtehaushalt sind in Arbeit. Ziel der Bilanzierungen ist jeweils die Berechnung der Divergenz der turbulenten Flüsse als Restterm (s. den Term „-Res" in Abb. 4.28). Die Parametrisierung dieser Größen, die sich der direkten Messung entziehen, und die Parametrisierung der Vertikalbewegungen aus Struktur und Beschaffenheit des Geländes sind letztlich Ziel der mit FREYTAG (1985, 1987) begonnenen Untersuchungen.

Die Verknüpfung der Erkenntnisse über die Talatmosphäre mit den Ergebnissen aus bodennahen Energiebilanzuntersuchungen und Kartierungen der Energiebilanz des gesamten Einzugsgebiets ist als nächster Schritt vorgesehen.

Die Vorgänge in der 2. SOP (schwacher Föhn) wurden am Meteorologischen Institut München untersucht. Die Untersuchung der Vorgänge in der 3. SOP (thermisches Windsystem bei Annäherung einer schwachen Front) wird Thema zukünftiger Arbeiten im Rahmen des DFG-Schwerpunktprogramms „Fronten und Orographie" sein.

Eine zusammenfassende Betrachtung der Experimente DISKUS und MERKUR ergibt ein in sich sinnvolles Bild der Gesamtzirkulation, dessen wesentlichste Züge in Abschnitt 4.3.4.3 dargestellt sind.

Bemerkenswert ist die unterschiedliche Art der Wechselwirkung zwischen den verschiedenen Scales der Zirkulation während der Nacht und tagsüber. In beiden Fällen kann man jedoch von einer Art Energiekaskade sprechen, der Wärmetransport erfolgt von den kleineren zu den größeren Scales. So transportieren tagsüber die Hangwinde und ihre vertikalen Kompensationsströmungen die Wärme in die Atmosphären der Seitentäler und des Haupttals. In ähnlicher Weise wird Wärme aus den thermisch effektiveren Seitentälern durch Absinken in die Atmosphäre des Haupttals transportiert. Als Beispiel sind die Verhältnisse während voll entwickeltem Talwind (Tagsituation) in Abbildung 4.29 wiedergegeben.

Bedingt durch die unterschiedlichen Zeitscales werden horizontale Druckgradienten aufgebaut, die den großräumigen Massen- und Energieaustausch zwischen Gebirgstal und Vorland bewirken.

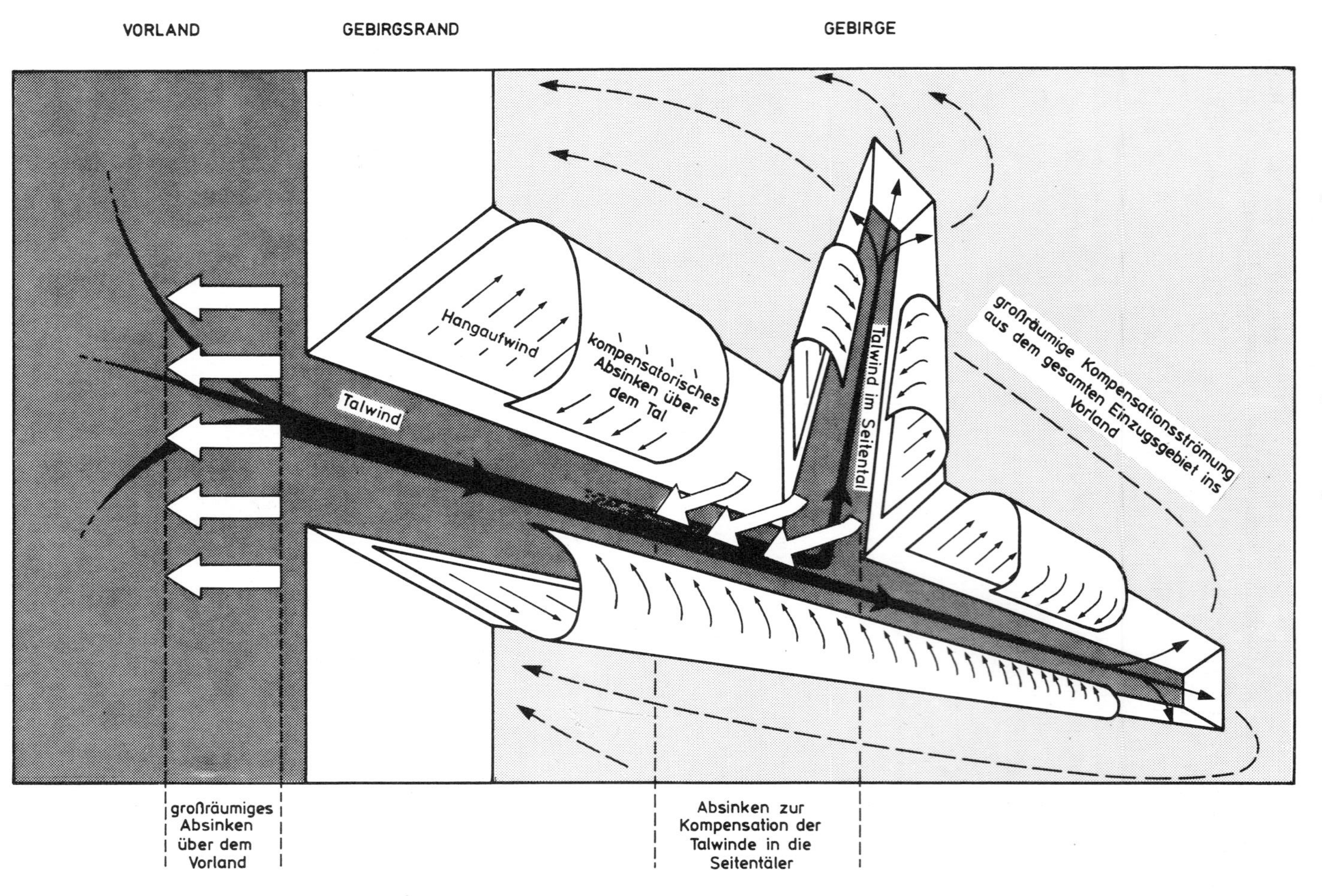

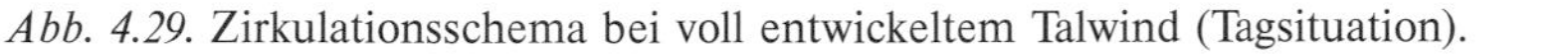

Abb. 4.29. Zirkulationsschema bei voll entwickeltem Talwind (Tagsituation).

Die Kenntnis über wesentliche Teile der thermischen Zirkulation im Gebirge konnte durch die Experimente vertieft werden. Das Schwergewicht lag dabei auf dem Übergang Nacht → Tag und der Tagsituation. Einzelheiten der nächtlichen Verhältnisse, die gerade für die Ventilation von Gebirgstälern von großer Bedeutung sind, werden Themen künftiger Untersuchungen sein.

4.4 Numerische Simulation der auftretenden Phänomene

Die bei den Feldexperimenten aufgetretenen und vermessenen Phänomene sollten mit numerischen Modellen simuliert werden; auf diese Weise erhoffte man sich eine Verifikation solcher Modelle, die dann als regionale Klimamodelle einsetzbar wären. Derartige Verifikationen sind allerdings nur teilweise geglückt.

4.4.1 Die Entwicklung von Simulationsmodellen

Für den regionalen oder auch mesoskaligen Bereich liegen Simulationsmodelle bislang kaum vor; am häufigsten verwendet wird das Modell von PIELKE (1974, 1981), welches sich allerdings der hydrostatischen Approximation bedient, d. h. also Strömungsvorgänge mit einer charakteristischen Länge, die kleiner als 10 bis 15 km ist, nicht mehr richtig zu erfassen vermag. Zumindest bei den drei Feldexperimenten MESOKLIP, DISKUS und MERKUR wird diese Länge aber deutlich unterschritten, woraus sich die Notwendigkeit ergab, ein sogenanntes nicht-hydrostatisches Simulationsmodell zu entwickeln.

Modellentwicklungen oder Entwicklungen von Modellteilen wurden an verschiedenen Stellen vorgenommen, sie sollen im folgenden kurz beschrieben werden:

Berlin
Am Institut für Theoretische Meteorologie der FU (Prof. Fortak) wurde von RIESENER (1983) ein in der Entwicklung befindliches zweidimensionales, nicht-hydrostatisches Mesoscale-Modell fertiggestellt, welches sich der Finiten Elemente bedient und insofern sich von allen anderen Modellversionen unterscheidet. Abgesehen von der zur Zeit noch gegebenen Beschränkung auf die Zweidimensionalität ist das Modell für die Anwendung auf eine beliebige Topographie weniger gut geeignet, da das Netz der Finiten Elemente für jede Topographie in Anpassung an dieselbe neu „geknüpft“ werden muß.

Darmstadt
Am Institut für Meteorologie der TH (Prof. Wippermann) wurde von WALLBAUM (1982), GROSS (1984) und anderen die Entwicklung des mesoskaligen Simulationsmodells FITNAH (**F**low over **I**rregular **T**errain with **N**atural and **A**nthropogenic **H**eat Sources) weitergeführt, dessen Erstellung im sogenannten Abwärmeprojekt Oberrhein des

Umweltbundesamtes begonnen worden war. FITNAH ist die zur Zeit am weitesten vorangetriebene Modellentwicklung; es enthält Programmteile, um auch das Flüssigwasser in Form von Wolken- oder Regentropfen (Kessler-Schema) zu berücksichtigen oder um Konzentrationsverteilungen von Einzelquellen zu berechnen (Lagrangesches Trajektorienmodell). Das Modell ist sehr variabel gehalten; so können unterschiedliche Randbedingungen an der Modellobergrenze und den seitlichen Berandungsflächen gewählt werden, vor allem aber auch am Erdboden, z. B. durch Mitberücksichtigung des Bodenwassergehaltes als weiterer Variabler. Auch für die Differenzenapproximationen in den nichtlinearen Termen stehen wahlweise mehrere Möglichkeiten zur Verfügung. Das Modell FITNAH wurde inzwischen als gemeinsames Arbeitsmodell RKM (Regionales Klimamodell) allen Gruppen im Klimaprogramm des Bundesministeriums für Forschung und Technologie (BMFT) zugänglich gemacht.

Hamburg
Am Meteorologischen Institut (Prof. Hinzpeter) ist von Dunst (1982) eine Modellentwicklung vorgenommen worden. Es handelt sich um ein hydrostatisches Modell, bei dem zur Schließung für den turbulenten Diffusionskoeffizienten eine spezielle Höhenabhängigkeit vorgegeben wird (Dunst, 1982). Das Modell wurde von Dunst und Lagrange (1982) angewandt, um mesoskalige Effekte des Küstenklimas zu simulieren. Ursprüngliches Ziel der Modellentwicklung war die Berechnung der Konzentrationsverteilung eines Schadstoffes, der aus einer oder mehreren kontinuierlichen Punktquellen stammt. Das Modell ist bislang nicht in der Lage, orographische Unebenheiten zu berücksichtigen, was allerdings bei Anwendung auf das norddeutsche Küstengebiet nicht unbedingt erforderlich ist.

Hannover
Am Institut für Meteorologie und Klimatologie wurden bei Prof. Etling Untersuchungen über verschiedene Schließungsverfahren durchgeführt (Etling und Detering, 1983; Detering und Etling, 1985; Detering, 1985). Die wesentliche Frage dabei war, in welcher Weise eine Parametrisierung für die turbulenten Flüsse, die über ebenem Gelände verwendbar ist, modifiziert werden muß, wenn die Strömung über hügeliges oder bergiges Terrain hinweggeht.

Karlsruhe
Am Meteorologischen Institut (Prof. Fiedler) der Universität wurde ebenfalls ein nichthydrostatisches Modell entwickelt (Prenosil, 1980; Tangermann-Dlugi, 1982); auch dieses existiert nun in einer dreidimensionalen Version. Schon früh wurde die Wolkenbildung mit eingeschlossen (Dorwarth, 1980, 1982, 1983) und vor allem von Adrian (1985) ein Initialisierungsverfahren angegeben, dessen Verwendung eine Verbesserung der Simulation bewirkt, wie am Vergleich der simulierten MESOKLIP-Situation mit den entsprechenden Beobachtungen gezeigt wird. Wie in den meisten Mesoscale-Modellen wird die Orographie durch eine Transformation in dem Terrain angepaßten Koordinaten berücksichtigt. Das Modell heißt KAMM (**K**arlsruher **a**tmosphärisches **m**esokaliges **M**odell).

Mainz
An der Abteilung für Theoretische Meteorologie (Prof. Zdunkowski) der Universität wurde ein Stadtklimamodell entwickelt, welches - eingebettet in ein etwas großräumigeres Modell für die Umgebung - den Einfluß von Häuserblöcken und Straßenzügen sowie städtischen Grünanlagen auf das Temperatur- und Geschwindigkeitsfeld zu berechnen gestattet. Die Modellentwicklung, bei der besonderer Wert auf die Strahlungsverhältnisse gelegt wurde (Zdunkowski, Welch und Hansen, 1980 sowie Welch und Zdunkowski, 1981), begann bereits in einem Projekt des Umweltbundesamtes und wurde nur zu Beginn des Schwerpunktprogramms in diesem gefördert.

München
In der Abteilung Theoretische Meteorologie (Prof. Egger) des Meteorologischen Instituts der Universität wurde von Ulrich (1982, 1986) ein nicht-hydrostatisches mesoskaliges Simulationsmodell entwickelt, welches sich von den übrigen dadurch unterscheidet, daß die Orographie nicht durch Transformation in ein dem Terrain angepaßtes Koordinatensystem berücksichtigt wird, sondern dem Terrain entsprechend an den relevanten, stufenförmig angeordneten Gitterpunkten die turbulente Viskosität unendlich gesetzt wurde. Diese Methode gestattet es, sehr steile oder sogar senkrechte Abhänge zu berücksichtigen. Das Modell ist ein dreidimensionales. Parallel zu dieser Entwicklung wurde von Heimann (1985) ein einfacheres, sich auf drei Schichten beschränkendes Modell REWIMET (**Re**gionales **Wind**modell **e**inschließlich **T**ransport) konstruiert, mit dem vor allem auch die Transporte von Schadstoffen erfaßt werden sollen, das sich aber auch für regional-klimatologische Studien anbietet. So wurde z. B. von Heimann (noch unveröffentlicht) für das Rhein-Main-Gebiet in jeweils 4000 m Abstand eine Bodenwindrose aus der beobachteten Rose des geostrophischen Windes (850 hPa) konstruiert.

Eine weitere Modellentwicklung (MESOSKOP) am Institut für Atmosphärenphysik (Prof. Schumann) der DFVLR in Oberpfaffenhofen gehört nicht unmittelbar zu den Schwerpunktprogramm-Arbeiten, wie auch nicht die Modellentwicklung bei der GKSS in Geesthacht.

4.4.2 Numerische Simulation der Ergebnisse von Feldexperimenten

4.4.2.1 MESOKLIP

Zum MESOKLIP-Experiment wurde von Vogel, Gross und Wippermann (1986) eine numerische Simulation für die erste Intensivmeßphase (17. 09. 1979 08. 00 - 18. 09. 1979 08.00 MEZ) durchgeführt. Dabei wurde eine 2D-Version des Simulationsmodells FITNAH (siehe z. B. Gross, 1985) angewandt. Die große Überraschung bei der Auswertung der MESOKLIP-Daten war ja, daß selbst in einem so breiten Tal wie dem Oberrheintal mit 40 bis 45 km breitem ebenen Talboden noch eine Kanalisation der Luftströmung erfolgt; dies war besonders gut in der ersten Intensivmeßphase zu erkennen, in welcher die ungestörte Anströmung aus Westen war, also senkrecht zum Tal. Es wurde zunächst vermutet, daß eine Kanalisation besonders stark in den Nachtstunden wäre, wo wegen der überwiegend stabilen Schichtung die unterste, kanalisierte Schicht von der freien Atmosphäre zu einem gewissen Grad „abgekoppelt“ ist. Die zweite Überraschung war nun, daß im Gegenteil die Kanalisierung um die Nachmittagszeit am stärksten ist und auch noch über die Kammhöhe der Randgebirge hinausreicht. Man durfte mit Recht gespannt sein, ob nun eine numerische Simulation einen ähnlichen Befund liefern würde.

Abbildung 4.30 zeigt die talparallele Komponente für den 17. 09. 1979 12.00 MEZ, im oberen Teil die Beobachtung, im unteren das Ergebnis der numerischen Simulation; man erkennt, daß die Simulation eine Kanalisierung zu reproduzieren vermag. In Abbildung 4.31 ist dasselbe für den 17. 09. 1979 16.00 MEZ wiederholt. Sowohl in der Beobachtung wie auch in der Simulation ist die Kanalisierung beträchtlich verstärkt und über die Kammhöhe der Randgebirge hinausgewachsen.

Eine sehr empfindliche Variable ist die Geschwindigkeit der durch das Tal verursachten Sekundärzirkulation in einer Vertikalebene quer zum Tal. Diese Zirkulation ist mit Hilfe der Stromfunktion in Abbildung 4.32 dargestellt, im oberen Teil wieder die Beobachtung, im unteren Teil die Simulation. Die Übereinstimmung darf zumindest für den gewählten Abendtermin als zufriedenstellend bezeichnet werden. Eine ähnlich gute Übereinstimmung erhält man für die Temperaturfelder.

Auch DORWARTH hat in seiner Dissertation (1985) die MESOKLIP-Beobachtungen für die Modellverifikation benutzt und eine brauchbare Übereinstimmung in den Geschwindigkeitsfeldern wie auch in den Vertikalprofilen an einzelnen Aufstiegsstellen festgestellt. Mit einer 3D-Simulation im Oberrheintal wird der Nachweis erbracht, daß die Voraussetzung von 2D-Verhältnissen entlang des MESOKLIP-Schnittes gerechtfertigt ist.

ADRIAN (Dissertation 1985) wendet das von ihm entwickelte Initialisierungsverfahren auf die erste Intensivmeßphase von MESOKLIP an; er kann zeigen, daß die Übereinstimmung zwischen Simulation und Beobachtung um so besser wird, je mehr Zeitpunkte er in die Initialisierung einbezieht.

4.4.2.2 DISKUS

Von ULRICH (1982) wurde das thermisch angeregte Windsystem im Dischmatal für einen Nachtfall berechnet; dabei muß allerdings die Abkühlungsrate vorgegeben werden. Es stellen sich die in Abbildung 4.33 erkennbaren Hangabwinde ein und ein Ausströmen aus dem Tal. Das resultierende Windfeld entspricht den Erwartungen.

WALLBAUM hat in seiner Dissertation (1982) u. a. eine Durchströmung des Dischmatales betrachtet, wobei die Anströmung aus SE, also über das Gebirge hinweg gewählt wurde, welches das Tal am oberen Ende abschließt. Durch Vorgabe der Erwärmungsraten am Tage und Abkühlungsraten in der Nacht erhielt er für einen typischen Tag- und Nachttermin die Felder der Geschwindigkeitskomponenten. Aus ihnen ist erkenn-

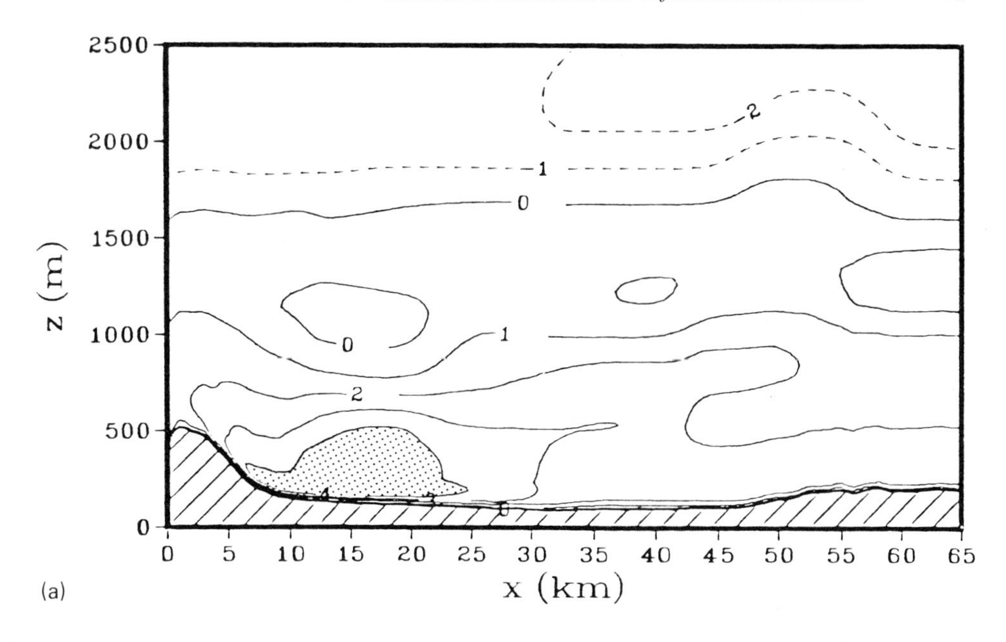

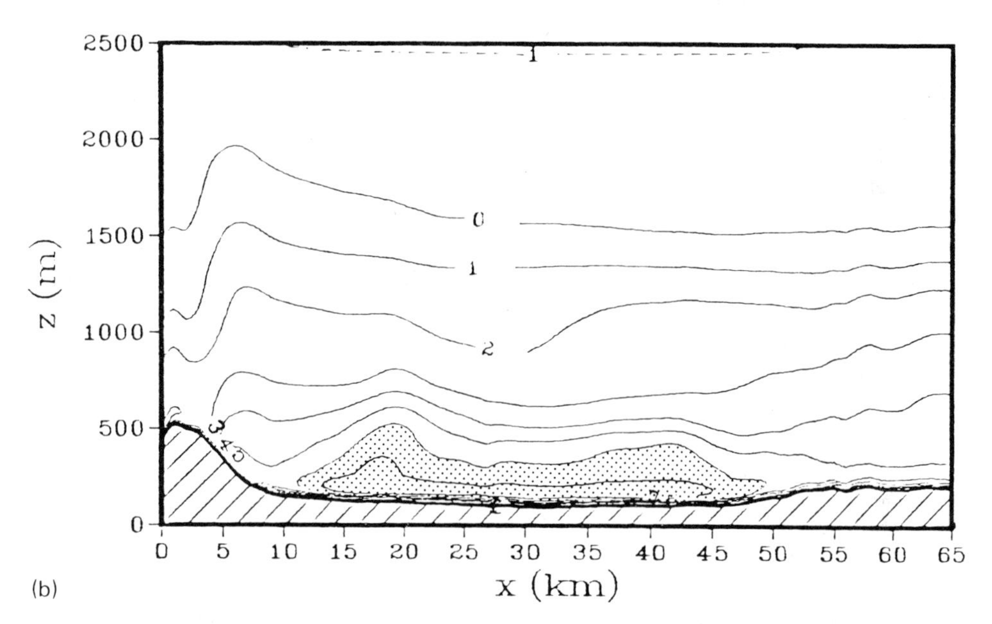

Abb. 4.30. MESOKLIP-Experiment: Isotachen der talparallelen Geschwindigkeitskomponente v, die sich bei einer Anströmung senkrecht zum Tal einstellt, 17.09.1979 12.00 MEZ; Isotachenintervall 1 ms^{-1}. Oben a): beobachtet (Schraffur für $v>4\ ms^{-1}$); unten b): simuliert (Schraffur für $v>6\ ms^{-1}$) (nach VOGEL et al., 1987).

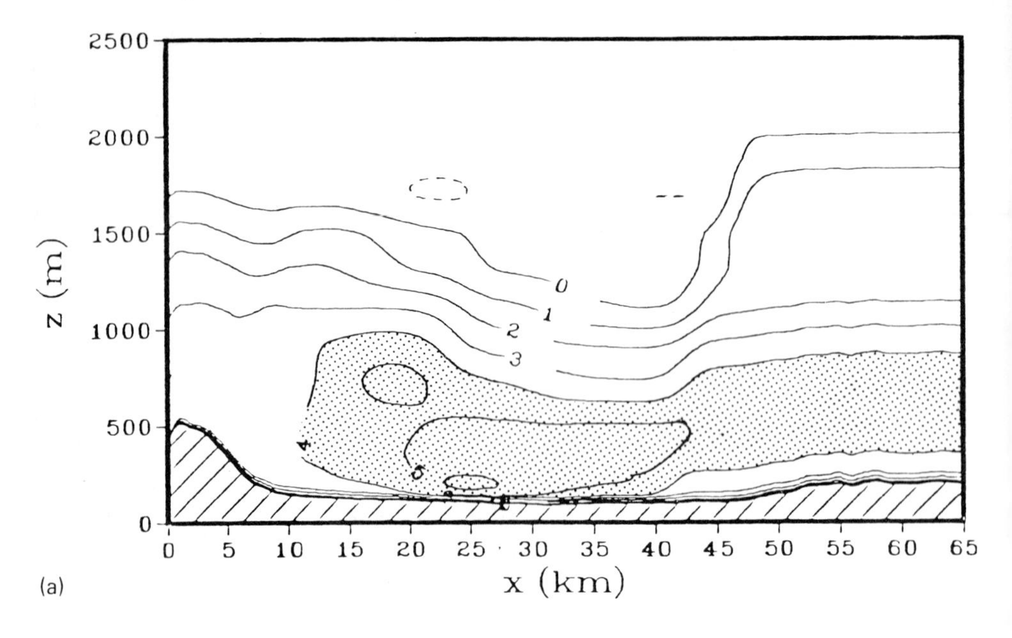

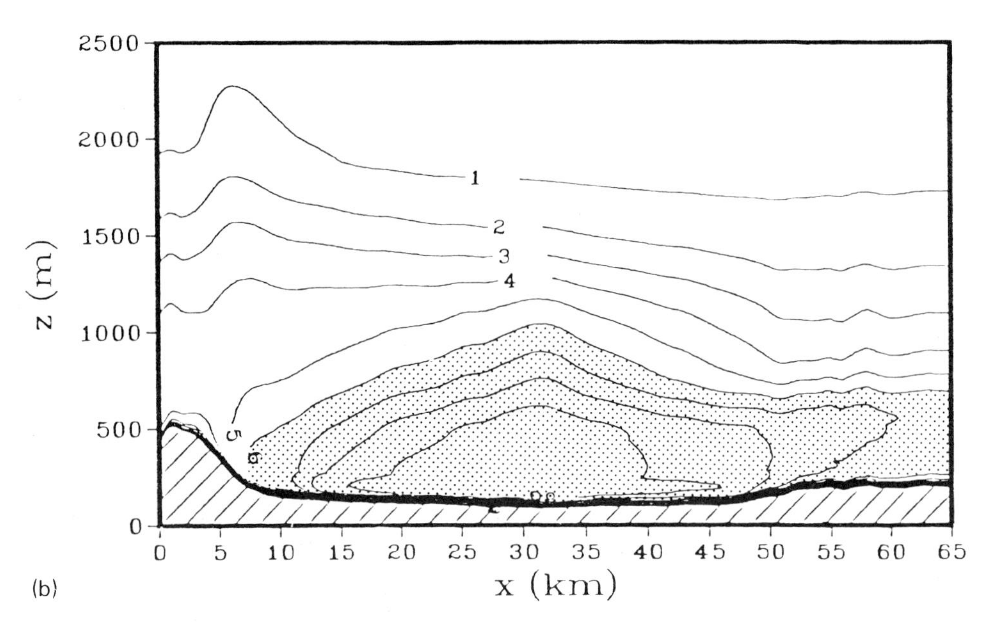

Abb. 4.31. MESOKLIP-Experiment: Isotachen der talparallelen Geschwindigkeitskomponente v, die sich bei einer Anströmung senkrecht zum Tal einstellt, 17. 09. 1979 16.00 MEZ; Isotachenintervall 1 ms^{-1}. Oben a): beobachtet (Schaffur für $v>4$ ms^{-1})); unten b): simuliert (Schraffur für $v>6$ ms^{-1}) (nach VOGEL et al., 1987).

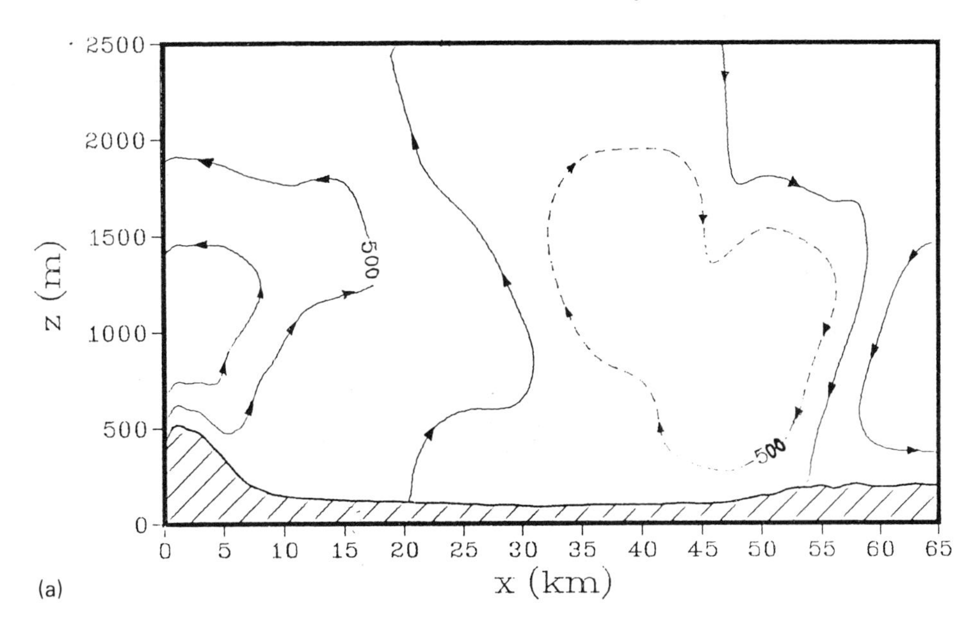

(a)

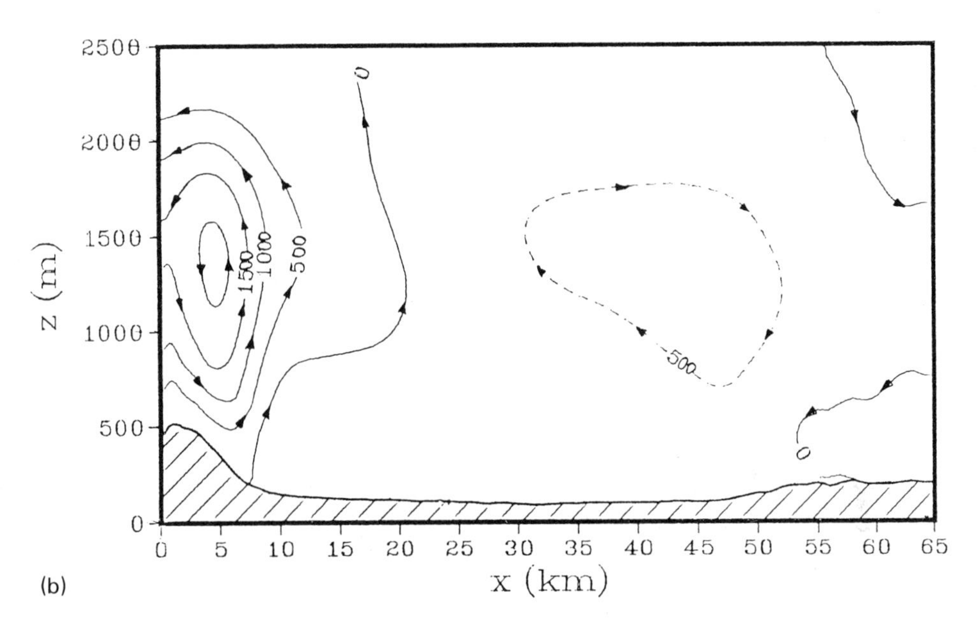

(b)

Abb. 4.32. Stromfunktion der Sekundärzirkulation im MESOKLIP-Schnitt am 17. 09. 1979 22.00 MEZ. Stromfunktionsintervall: 500 kg m^{-1} s^{-1}. Oben (a) die Beobachtung, unten (b) die numerische Simulation (nach VOGEL et al., 1987).

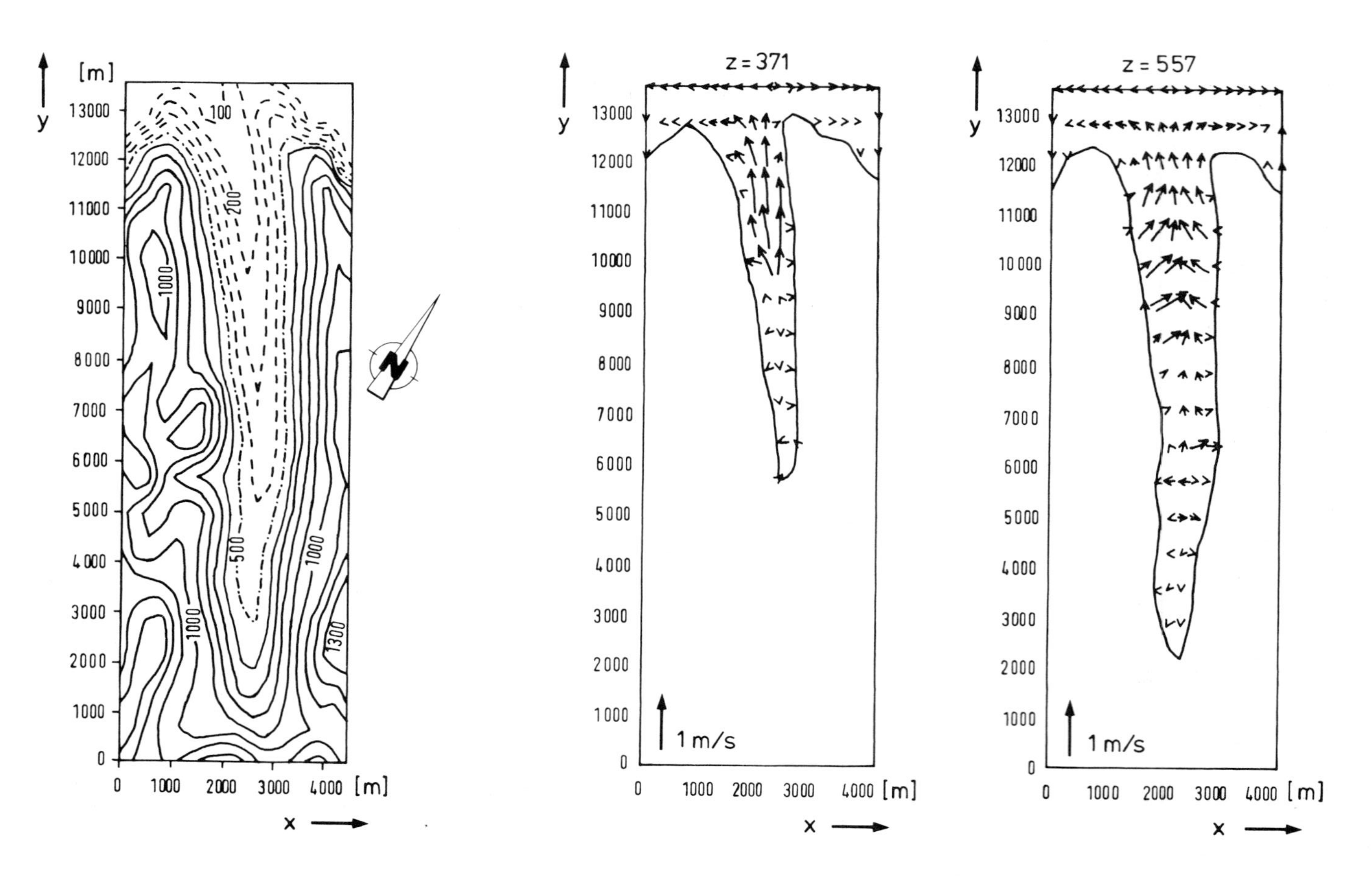

Abb. 4.33. Die Topographie des Dischmatales (links) und die für den Nachtfall simulierten Horizontalschnitte des Windfeldes in 371 m (Mitte) und 557 m (rechts) über dem Talboden (nach ULRICH, 1982).

bar, wie die großräumige Überströmung durch die entstehenden Hangwinde sowie Berg- und Talwinde modifiziert wird.

EGGER (1983) hat die Druckverteilung im Dischmatal während der beiden Intensivmeßphasen des DISKUS-Experimentes berechnet; dabei wurde die vermessene 3D-Temperaturverteilung im Tal eingegeben; eine Lösung der Balancegleichung lieferte das Druckfeld, aus dem wiederum die Geschwindigkeitskomponenten abgeleitet wurden. Diese lassen, je nach der Tageszeit, das erwartete Ein- oder Ausströmen ins oder aus dem Tal erkennen.

4.4.2.3 PUKK

Während des PUKK-Experimentes trat ein ausgeprägter Grenzschichtstrahlstrom auf, dessen räumliche Verteilung entlang der Beobachtungslinie erfaßt werden konnte. DETERING versucht in seiner Dissertation (1985), Entstehen und Vergehen dieses Strahlstromes zu simulieren, indem die Windänderungen in bestimmten Höhen an einzelnen Beobachtungsstationen berechnet werden. So zeigt z. B. Abbildung 4.34 die zeitliche Änderung des Windvektors in 210 m Höhe an der Station „50 km" in der Nacht 30. 09./ 01. 10. 1981. Die gepunktete Kurve gibt die Messung zu den angezeigten Uhrzeiten an;

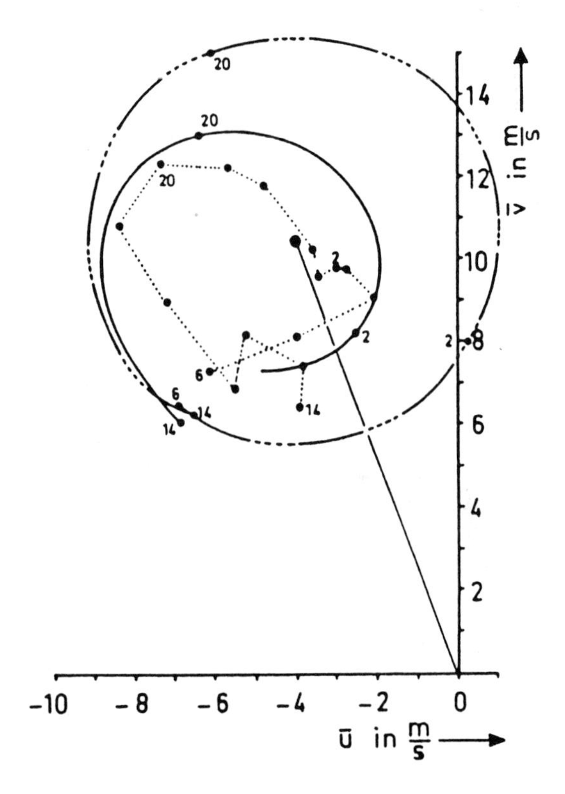

Abb. 4.34. PUKK-Experiment: Zeitliche Änderung des Windvektors in 210 m Höhe an der Station „50 km" am 30. 09./1. 10. 1981. Gepunktete Linie: Beobachtungen; strichpunktierte Linie: Simulation mit 1D-Modellversion; ausgezogene Linie: Simulation mit 2D-Modellversion; Zahlen an den Kurven: Tageszeit (GMT); dicker Punkt: Spitze des Vektors des geostrophischen Windes. Die u-Komponente ist entlang der PUKK-Meßlinie gerichtet (nach DETERING, 1985).

der Windvektor bewegt sich mit seiner Spitze um den geostrophischen Wind (dicker Punkt). Die Simulationen sind mit einem E-ε -Modell durchgeführt worden, also einem solchen, das noch die beiden zusätzlichen Variablen E (Turbulenzenergie) und ε (Dissipationsrate) mitführt, die dann zur Schließung benötigt werden. Man erkennt deutlich, daß die Simulation mit der 1D-Version des Modells weniger gut ausfällt als mit der 2D-Version, bei der noch die horizontalen Inhomogenitäten wenigstens entlang der Meßstrecke berücksichtigt werden können.

Die 2D-Simulationen (im Vertikalschnitt entlang der Meßstrecke) lassen deutlich einen relativ engbegrenzten Strahlstrom erkennen, der mit seinem Maximum etwa 30 km breit und 50 bis 100 m dick sich vom frühen Abend des 30. 09. 1981 beginnend im Laufe der Nacht etwas landeinwärts verschiebt. Die Übereinstimmung mit den beobachteten Vertikalschnitten ist allerdings nur mäßig.

4.4.2.4 MERKUR

Von Gross (1982) wurde eine numerische Simulation mit dem Modell FITNAH durchgeführt, um die Über- und Durchströmung des Inntals im Bereich der südlichen MERKUR-Traverse zu studieren. Die senkrecht zum Tal verlaufende Traverse hat etwa die Richtung SSE-NNW; dementsprechend wurde im ersten Fall eine Anströmung senkrecht zum Tal (aus SSE), im zweiten Fall eine talparallele Anströmung (aus SW) gewählt und damit sowohl das Überströmen wie auch das Durchströmen behandelt. Im Falle

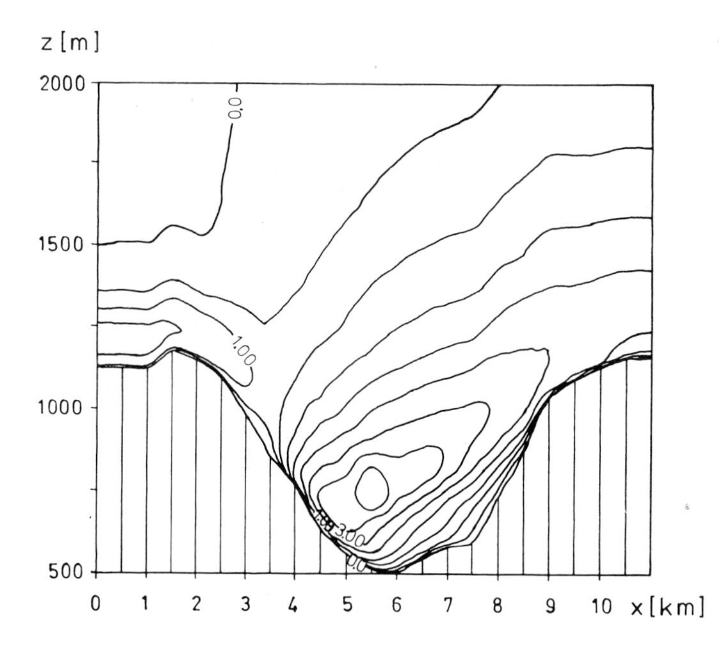

Abb. 4.35. MERKUR-Experiment: Isotachen der talparallelen Geschwindigkeitskomponente bei einer talsenkrechten Anströmung des Inntales im Bereich der südlichen Traverse; Isotachenintervall 0,5 ms^{-1} (nach Gross, 1982).

der Überströmung zeigt sich deutlich eine Kanalisierung, wie das auch aus Abbildung 4.35 zu erkennen ist: Die talparallele Komponente, die im orographisch ungestörten Fall praktisch verschwindet, erreicht im Tal Werte von mehr als 4 ms^{-1}.

Ein Nebenprodukt der Simulationen sind die sich einstellenden Leewellen, die eine sehr komplexe Struktur zeigen. Die simulierte Wellenlänge beträgt etwa 4 km, was aber durch die Vorgabe der Schichtungsverhältnisse bereits zu einem guten Teil festgelegt ist.

Von WAGNER (1984) wurde eine 3D-Simulation der Über- und Durchströmung des Inntals durchgeführt, wobei die Topographie der Erdoberfläche durch eine Annäherung mit Stufen zwischen den Gitterpunkten berücksichtigt wurde. Wegen der Größe des behandelten Areals (es wurden auch die anliegenden Gebirgszüge überströmt) konnte das Inntal selbst nur relativ ungenau berücksichtigt werden. Der zu erwartende Talwind kann nur durch Vorgabe eines größerskaligen, über den Alpen gelegenen Hitzetiefs erhalten werden.

4.5 *Untersuchungen, die nicht im Zusammenhang mit den Feldexperimenten stehen*

Um mehr Aufschluß über die Kanalisierung im Oberrheintal zu erhalten, wurden von WIPPERMANN und GROSS (1981) die Bodenwindbeobachtungen der DWD-Station Mannheim für die Jahre 1969 bis 1974 im Zusammenhang mit dem jeweils herrschenden geostrophischen Wind in 850 hPa untersucht. Für die Häufigkeit des Auftretens einer Bodenwindrichtung bei gegebener Richtung des geostrophischen Windes ergab sich das Diagramm in Abbildung 4.5. Man erkennt in dieser Abbildung die Kanalisierung der Luftströmung durch das Oberrheintal: Am häufigsten treten Bodenwinde um Nord oder um Süd auf, jeweils für einen beträchtlichen Sektor von Richtungen des geostrophischen Windes. Selbst im Oberrheintal, welches einen ebenen Talboden von etwa 40 bis 45 km Breite und relativ niedrige Randgebirge (max. 500 m über Talboden) besitzt, wird also die Luftströmung noch kanalisiert.

Die Untersuchung führte auch zur Entdeckung des „Gegenstromes", der bei bestimmten Richtungen des geostrophischen Windes (in bezug auf die Orientierung des Tals) auftritt. Hierunter wird verstanden, daß die talparallele Windkomponente innerhalb des Tals entgegengesetzt zu derjenigen ist, die (orographisch unbeeinflußt) außerhalb des Tals beobachtet wird. Der Gegenstrom ist auch an Abbildung 4.5 erkennbar: Für einen geostrophischen Wind aus SSE weht der Bodenwind im Tal am häufigsten aus Nord und entsprechend bei der entgegengesetzten Richtung. FIEDLER (1983) gibt eine Erklärung für das Zustandekommen des Gegenstromes, während WIPPERMANN (1984) eine lineare Theorie geliefert hat, mit welcher der Kanalisierungseffekt wie auch der Gegenstrom quantitativ erfaßt werden können.

Für eine vorgegebene Häufigkeitsverteilung des geostrophischen Windes läßt sich mit einem numerischen Simulationsmodell die Häufigkeitsverteilung (Windrose) der

Bodenwindrichtungen berechnen, wobei der Einfluß der Orographie berücksichtigt ist; die Rechnungen müssen für jede einzelne Richtung des geostrophischen Windes (im praktischen Fall für 12 oder 16 Richtungen) durchgeführt werden; das Resultat wird dann mit der Häufigkeit des geostrophischen Windes gemittelt und zusammengefaßt. WIPPERMANN und GROSS (1981) haben auf diese Weise eine erste künstliche Bodenwindrose in gegliedertem Gelände konstruiert, für welche als Eingabe lediglich eine Rose des geostrophischen Windes, nämlich des großräumigen, orographisch unbeeinflußten Windes benötigt wird.

Abbildung 4.6 zeigt die numerisch simulierte Windrose (schwarz) für die Station Mannheim im Vergleich zur beobachteten (weiß) und läßt eine befriedigende Übereinstimmung erkennen. Im oberen Teil der Abbildung ist die Simulation mit dem nichthydrostatischen Modell FITNAH II (s. Abschn. 4.4.1) vorgenommen worden, im unteren Teil hingegen mit einer hydrostatischen Version dieses Modells. Man erkennt sehr gut, daß für diesen zweiten Fall die Übereinstimmung zwischen Simulation und Beobachtung deutlich schlechter ist, daß sozusagen die hydrostatische Approximation nicht mehr tragbar ist bei einer horizontalen charakteristischen Länge, die der Luftbewegung durch den Weg über die Randgebirge des Oberrheintals aufgeprägt wird. Mit einer linearen Theorie zeigte WIPPERMANN (1981), welche Modellvereinfachungen unter welchen Bedingungen gültig sind und welche nicht.

HEIMANN (1987) hat das eben beschriebene Verfahren der Konstruktion künstlicher Bodenwindrosen aufgegriffen und für das Rhein-Main-Gebiet gleich ein ganzes „Beet“ von Bodenwindrosen konstruiert, nämlich für alle Orte, die jeweils 4000 m voneinander entfernt liegen, je eine Bodenwindrose. Jeder dieser Orte hat ganz individuelle orographische Bedingungen. Abbildung 4.36 zeigt das Ergebnis, welches insofern leichter zu erreichen war, als diesmal zur Konstruktion das Simulationsmodell REWIMET (s. Abschn. 4.4.1) verwendet wurde, welches nur drei Schichten berücksichtigt und daher einen deutlich geringeren Rechenzeitbedarf hat als ein großes Simulationsmodell wie z. B. FITNAH.

> Am Beispiel der Abbildung 4.36 kann sehr schön deutlich gemacht werden, von welchem Nutzen mesoskalige Simulationen für die Untersuchung des regionalen Klimas sind. Im gesamten von der Abbildung erfaßten Bereich stehen an höchstens fünf Orten regelmäßige Windbeobachtungen zur Verfügung, die durchgeführte Simulation liefert im gleichen Bereich je eine Bodenwindrose an 289 Orten mit ganz unterschiedlichen orographischen Bedingungen.
>
> *Eine großräumige Klimaänderung wird eine Änderung der einzugebenden Rose des geostrophischen Windes bedeuten, dies wiederum die Bodenwindrose ändern. Mit der Erfassung solcher Änderungen lassen sich aber Aussagen darüber machen, wie sich großräumige Klimaänderungen auf das Regionalklima auswirken (zunächst nur für den Wind).*

Dem Heimannschen „Rosenbeet“ liegen übrigens vollständigere Rechnungen zugrunde, was die Berücksichtigung der thermischen Schichtung betrifft, als bei der Windrose von WIPPERMANN und GROSS (1981), die nur für die Fälle mit stabiler Schichtung gilt.

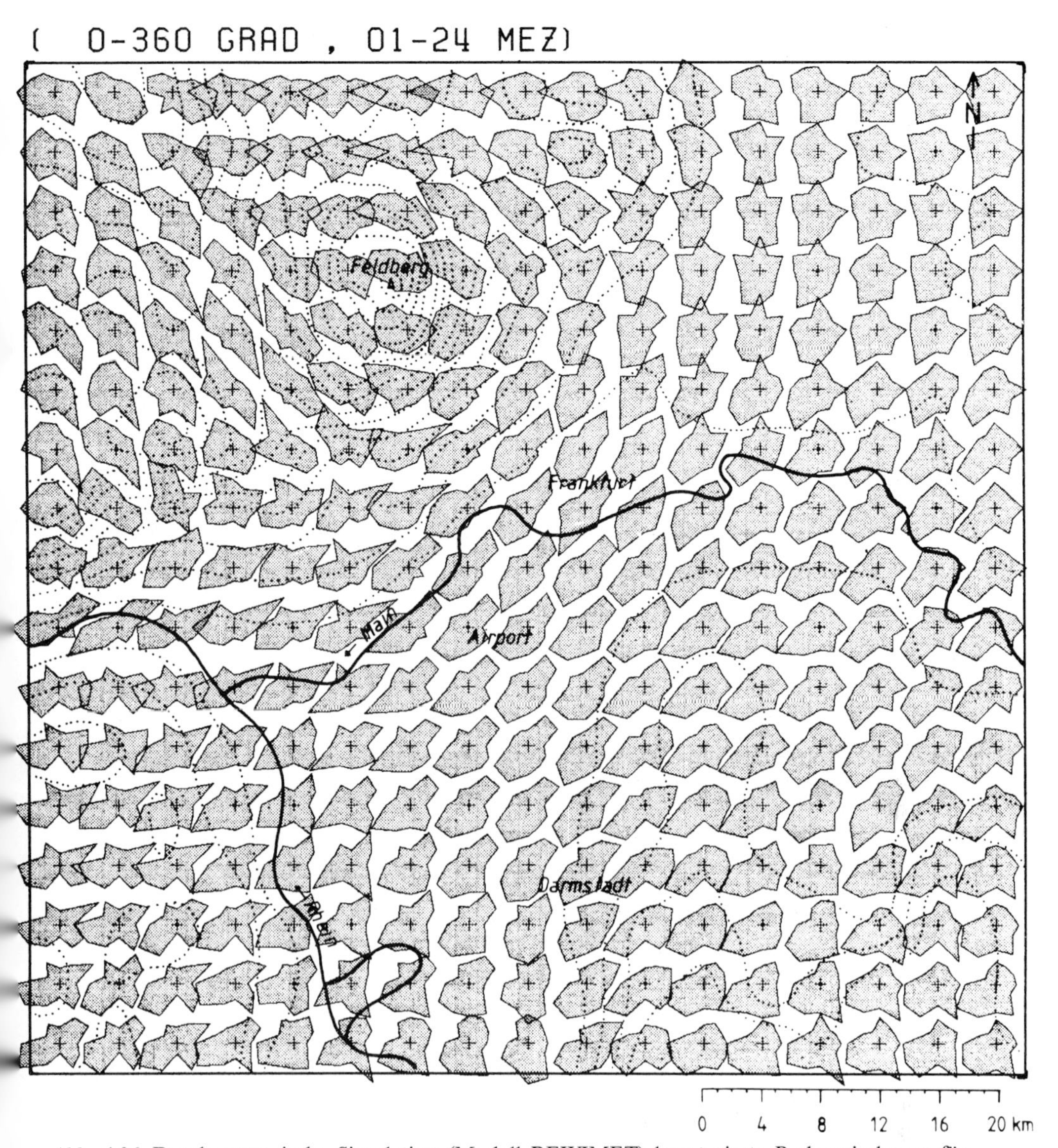

Abb. 4.36. Durch numerische Simulation (Modell REWIMET) konstruierte Bodenwindrosen für 289 Orte (Abstand 4000 m) im Rhein-Main-Gebiet. Die Häufigkeitsverteilung des großräumigen (geostrophischen) Windes ist vorzugeben (nach Heimann, 1987).

Gross (1984) verwendete den entdeckten Gegenstrom (Wippermann und Gross, 1981) zur Erklärung des Phänomens der Maloja-Schlange; mit einer numerischen Simulation konnte er zeigen, daß diese tatsächlich unter den vermuteten Bedingungen auftritt.

4.6 Literatur

(soweit nicht aus dem Schwerpunktprogramm hervorgegangen)

DEFANT, F. (1949): Zur Theorie der Hangwinde nebst Bemerkungen zur Theorie der Berg- und Talwinde. Arch. Met. Geoph. Biokl. A *1,* 421-450.

MACHATTIE, L. B. (1968): Kananaskis valley winds in summer. J. Appl. Met. *7,* 348-352.

KRAUS, H. (1958): Untersuchung über den nächtlichen Energietransport und Energiehaushalt in der bodennahen Luftschicht bei der Bildung von Strahlungsnebel. Ber. Dtsch. Wetterd. *48.*

PIELKE, R. A. (1974): A three-dimensional numerical model of the sea-breeze over South-Florida. Mon. Weath. Rev. *102,* 115-139.

PIELKE, R. A. (1981): Mesoscale numerical modeling. Adv. in Geophys. *23* (B. Saltzman, ed.). Academic Press, New York.

SCHÜEPP, M.; URFER, CH. (1963): Die Windverhältnisse im Davoser Hochtal. Arch. Met. Geoph. Biokl. B *12,* 337-349.

STEINACKER, R. (1984): Area-height distribution of a valley and its relation to the valley wind. Beitr. Phys. Atm. *57,* 64-71.

URFER-HENNEBERGER, CH. (1970): Neuere Beobachtungen über die Entwicklung des Schönwetterwindsystems in einem V-förmigen Alpental (Dischmatal bei Davos). Arch. Met. Geoph. Biokl. b *18,* 21-42.

5 *Aus dem Schwerpunktprogramm hervorgegangene Veröffentlichungen*

Die aus dem Schwerpunktprogramm hervorgegangenen Veröffentlichungen sind unterteilt in

		Anzahl
5.1	Originalarbeiten in Fachzeitschriften (mit einem Begutachtungsverfahren)	144
5.2	Dissertationen	19
5.3	Tagungsberichte und Erweiterte Vortragszusammenfassungen	69
5.4	Institutsmitteilungen, sonstige Veröffentlichungen	40
	Gesamtzahl der Veröffentlichungen	272

In jedem der vier einzelnen Unterabschnitte sind die nach dem Autor alphabetisch geordneten Veröffentlichungen laufend numeriert.

5.1 *Originalarbeiten*

01 Bischoff, I.; Vogel, B. (1985): Die Berechnung des Vertikalprofiles der Temperaturleitfähigkeit im Erdboden für den Fall des MESOKLIP-Experimentes. Meteorol. Rundsch. *38,* 107–111.

02 Boettger, H.; Dümmel, T.; Fraedrich, K. (1979): Evidence of short, long and ultra-long period fluctuations and their related transports in Berlin rawinsonde data. Beitr. Phys. Atm. *52,* 348–361.

03 Boettger, H.; Fraedrich, K. (1980): Disturbances in the wavenumber-frequency domain observed along 50°N. Beitr. Phys. Atm. *53,* 90–105.

04 Brehm, M.; Freytag, C. (1982): Erosion of the night-time thermal circulation in an Alpine valley. Arch. Meteor. Geophys. Bioklim. B *31,* 331–352.

05 BRÜHL, CH.; ZDUNKOWSKI, W. (1983): An approximate calculation method for parallel and diffuse solar irradiances on inclined surfaces in the presence of obstructing mountains or buildings. Arch. Meteor. Geophys. Bioklim. B *32,* 111–129.
06 BRUNS, T. (1985): Contribution of linear and non-linear processes to the long-term variability of large-scale atmospheric flows. J. Atm. Sci. *42,* 2506–2522.
07 DEFANT, F.; OSTHAUS, A.; SPETH, P. (1979): The global energy budget of the atmosphere. Part II: The ten-year mean structure of the stationary large-scale wave disturbances of temperature and geopotential heights for January and July (Northern hemisphere). Beitr. Phys. Atm. *52,* 229–246.
08 DETERING, H.W.; ETLING, D. (1985): Application of the E-ε turbulence model to the atmospheric boundary layer. Boundary Layer Meteor. *33,* 113–133.
09 DORWARTH, G. (1983): Die numerische Simulation der Wechselwirkung von Wolkenbildung und Leewellen. Meteorol. Rundsch. *36,* 162–165.
10 DÜMMEL, T.; VOLKERT, H. (1980): A comparison between global and one-dimensional energy balance models; stability results. Meteorol. Rundsch. *33,* 14–18.
11 DUNST, M. (1982): On the vertical structure of the eddy diffusion coefficient in the PBL. Atm. Environ. *16,* 2071–2074.
12 DUNST, M.; LAGRANGE, S. (1982): A numerical study on meso-scale effects of the coastal climate. Beitr. Phys. Atm. *55.*
13 EGGER, J. (1978): Dynamics of blocking highs. J. Atm. Sci. *35,* 1788–1801.
14 EGGER, J. (1979): Stability of blocking in barotropic channel flow. Beitr. Phys. Atm. *52,* 27–43.
15 EGGER, J. (1980): Blocking and stratospheric warming. Beitr. Phys. Atm. *53,* 172–179.
16 EGGER, J. (1981): Thermally forced circulations in a valley. Geophys. Astrophys. Fluid Dyn. *17,* 255–271.
17 EGGER, J. (1981): On the linear two-dimensional theory of thermally induced slope winds. Beitr. Phys. Atm. *54,* 465–481.
18 EGGER, J. (1982): Stochastically driven large-scale circulations with multiple equilibria. J. Atm. Sci. *38,* 2606–2618.
19 EGGER, J. (1983): Pressure distributions in the Dischma valley during the field experiment DISKUS. Beitr. Phys. Atm. *56,* 163–176.
20 EGGER, J. (1984): On the theory of the morning glory. Beitr. Phys. Atm. *57,* 123–134.
21 EGGER, J. (1984): A model intercomparison for homogeneous flow over large-scale topography. J. Meteor. Soc. Japan *62,* 718–729.
22 EGGER, J. (1985): Baroclinic waves in fluctuating shear. Beitr. Phys. Atm. *58,* 186–202.
23 EGGER, J. (1985): Die Berliner Nebelwellen. Meteorol. Rundsch. *38,* 103–107.
24 EGGER, J. (1987): Ekman flow over valleys. Geophys. Astrophys. Fluid Dyn.
25 EGGER, J. (1987): Simple models of the valley-plain circulation. Part I: Minimum resolution model; Part II: Flow resolving model. Meteor. Atm. Phys. *36,* 231–242 u. 243–254.
26 EGGER, J.; METZ, W. (1981): On the mountain torque in barotropic planetary flow. Quart. J. Roy. Meteor. Soc. *107,* 299–312.
27 EGGER, J.; MEYER, G.; WRIGHT, P.B. (1981): Pressure, wind and cloudiness in the tropical Pacific related to the Southern oscillations. Mon. Weath. Rev. *109,* 1139–1149.
28 EGGER, J.; SCHILLING, H.-D. (1983): On the theory of the long-term variability of the atmosphere. J. Atm. Sci. *40,* 1073–1085.
29 EGGER, J.; SCHILLING, H.-D. (1984): Stochastic forcing of planetary scale flow. J. Atm. Sci. *41,* 779–788.
30 FECHNER, H. (1982): Klimatologie des Geopotentials der 500-mb-Fläche der Nordhalbkugel unter Verwendung von natürlichen Orthogonalfunktionen im Wellenzahlenbereich. Meteorol. Rundsch. *35,* 171–181.
31 FECHNER, H. (1983): Der mittlere Jahresgang des Geopotentials der 500-mb-Fläche der Nordhalbkugel im Wellenzahlenbereich. Meteorol. Rundsch. *36,* 1–12.
32 FECHNER, H.; SARDEMANN, G. (1985): Bojenmessungen der Ausbreitung mesoskaliger Temperaturstörungen in der Reibungsschicht während JASIN 1978. Meteorol. Rundsch. *38,* 172–180.

33 Fischer, G. (1980): The effect of a planetary scale mountain on a barotropic flow treated in a simple low-order system. Beitr. Phys. Atm. *53,* 295–309.
34 Fischer, G. (1984): Spectral energetics analyses of blocking events in a general circulation model. Beitr. Phys. Atm. *57,* 183–200.
35 Fischer, G. (1985): The effect of mountains on blocking in a general circulation experiment. Beitr. Phys. Atm. *58,* 291–303.
36 Fischer, G.; Storch, H. v. (1982): Klima - Langjähriges Mittel? Meteorol. Rundsch. *35,* 152–158.
37 Fraedrich, K. (1978): Stuctural and stochastic analysis of a zero-dimensional climate system. Quart. J. Roy. Meteor. Soc. *104,* 461–474.
38 Fraedrich, K. (1979): Catastrophes and resilience of a zero-dimensional climate system with ice-albedo and greenhouse feedback. Quart. J. Roy. Meteor. Soc. *105,* 147–167.
39 Fraedrich, K. (1986): Estimating the dimensions of weather and climate attractors. J. Atm. Sci. *43,* 419–432.
40 Fraedrich, K.; Boettger, H. (1978): A wavenumber-frequency analysis of the 500 mb geopotential at 50°N. J. Atm. Sci. *35,* 745–750.
41 Fraedrich, K.; Kietzig, K. (1983): Statistical analysis and wavenumber-frequency spectra of the 500 mb geopotential along 50°S. J. Atm. Sci. *40,* 1037–1045.
42 Fraedrich, K.; Spekat, A. (1983): Further studies on single station climatology (iii): Time spectral analysis of Halley Bay (Antarctic) rawinsonde data. Beitr. Phys. Atm. *56,* 213–220.
43 Freytag, C. (1981): Häufigkeit niedertroposphärischer Windmaxima. Meteorol. Rundsch. *34,* 105–113.
44 Freytag, C. (1984): Investigations of mesoscale weather phenomena in mountainous regions. Mount. Res. Dev. *4,* 305–312.
45 Freytag, C. (1985): MERKUR - results: Aspects of the temperature field and the energy budget in a large Alpine valley during mountain and valley wind. Beitr. Phys. Atm. *58,* 458–476.
46 Freytag, C. (1987): Results from the MERKUR-experiment: Mass budget and vertical motions in a large valley during mountain and valley wind. Meteor. Atm. Phys. *37,* 129–140.
47 Gross, G. (1985): Numerische Simulation nächtlicher Kaltluftabflüsse und Tiefsttemperaturen in einem Moselseitental. Meteorol. Rundsch. *38,* 161–171.
48 Gross, G. (1985): An explanation of the Maloja-serpent by numerical simulation. Beitr. Phys. Atm. *58,* 441–457.
49 Gross, G. (1986): A numerical study of the land- and sea-breeze including cloud formation. Beitr. Phys. Atm. *59,* 97–114.
50 Halbsguth, G.; Kerschgens, M. J.; Kraus, H.; Meindl, G.; Schaller, E. (1984): Energy fluxes in an Alpine valley. Arch. Meteor. Geophys. Bioklim. A *33,* 11–20.
51 Hannoschöck, G.; Frankignoul, C. (1985): Multivariate statistical analysis of a sea surface temperature anomaly experiment with the GISS general circulation model. J. Atm. Sci. *42,* 1430–1450.
52 Hasselmann, K. (1979): On the signal-to-noise problem in atmospheric response studies. In: Meteorology of the tropical oceans (D. B. Shaw, ed.). Roy. Meteor. Soc., 251–259.
53 Hartjenstein, G. (1984): Observational evidence of the relations between large-scale orographic forcing, blocking, and the stratospheric winter circulation. Beitr. Phys. Atm. *57,* 169–182.
54 Hennemuth, B.; Oberle, H. J.; Freytag, C. (1980): An error analysis of the double theodolite pibal method with examples from the slope-wind experiment, Innsbruck 1978. Beitr. Phys. Atm. *53,* 336–350.
55 Hennemuth, B.; Semmler, H. (1982): Das Windfeld am Haardtrand während MESOKLIP - Abschätzungen der Hangwindzirkulation und Beobachtungsergebnisse. Meteorol. Rundsch. *35,* 113–121.
56 Hennemuth, B. (1985): Temperature field and energy budget of a small Alpine valley. Beitr. Phys. Atm. *58,* 545–549.
57 Hennemuth, B. (1986): Thermal asymmetry and cross-valley circulation in a small valley. Boundary Layer Meteor. *36,* 371–394.
58 Hennemuth, B. (1987): Heating of a small Alpine valley. Meteor. Atm. Phys. *36,* 287–296.

59 HENNEMUTH, B.; KÖHLER, U. (1984): Estimation of the energy balance of the Dischma valley. Arch. Meteor. Geophys. Bioklim. B *34,* 97–119.
60 HENNEMUTH, B.; SCHMIDT, H. (1985): Wind phenomena in the Dischma valley during DISKUS. Arch. Meteor. Geophys. Bioklim. B *35,* 361–387.
61 HENSE, A. (1986): Multivariate statistical investigations of the Northern hemisphere circulation during the El Niño event 1982/83. Tellus *38* A, 189–204.
62 HENSE, A.; HEISE, E. (1984): A sensitivity study of cloud parameterizations in general circulation models. Beitr. Phys. Atm. *57,* 240–258.
63 HESSLER, G. (1984): Experiments with statistical objective analysis techniques for representing a coastal surface temperature field. Boundary Layer Meteor. *28,* 375–389.
64 HINZPETER, H.; WAMSER, C.; PETERS, G. (1981): Monostatic doppler-sodar measurements of the vertical wind field. Beitr. Phys. Atm. *54,* 43–56.
65 JACOBSEN, I.; HEISE, E. (1982): A new economic method for the computation of the surface temperature in numerical models. Beitr. Phys. Atm. *55,* 128–141.
66 JAEGER, L. (1981): Radiation measurements of the Department of Meteorology of Freiburg University during the experimental stage of MESOKLIP. Meteorol. Rundsch. *34,* 97–105.
67 KESSLER, A.; JAEGER, L.; SCHOTT, R. (1979): Die Auswirkungen der Sonnenfinsternis vom 29. April 1976 auf die Energieströme an der Erdoberfläche. Meteorol. Rundsch. *32,* 109–115.
68 KIETZIG, E. (1984): Statistical analysis of the 500 mb geopotential along 50°N and 50°S: Moments and time scales. Meteorol. Rundsch. *37,* 111–116.
69 KRAUS, H. (1982): PUKK – A mesoscale experiment at the German North Sea coast. Beitr. Phys. Atm. *55,* 370–382.
70 KRAUS, H.; MALCHER, J.; SCHALLER, E. (1985): A nocturnal low level jet during PUKK. Boundary Layer Meteor. *31,* 187–195.
71 KRUSE, H. A.; HASSELMANN, K. (1986): Investigation of processes governing the large-scale variability of the atmosphere using low-order barotropic models as a statistic tool. Tellus *38* A, 12–24.
72 LABITZKE, K. (1978): On the different behaviour of the zonal harmonic height waves 1 and 2 during the winter 1970/71 and 1971/72. Mon. Weath. Rev. *106,* 1704–1713.
73 LABITZKE, K. (1980): Climatology of the stratosphere and mesosphere. Phil. Trans. Roy. Soc. London A *296,* 7–18.
74 LABITZKE, K. (1981): The amplification of height wave 1 in January 1979: A characteristic precondition for the major warming in February. Mon. Weath. Rev. *109,* 983–989.
75 LABITZKE, K. (1981): Stratospheric-mesospheric midwinter disturbances: A summary of observed characteristics. J. Geophys. Res. *86,* 9665–9678.
76 LABITZKE, K. (1982): On the interannual variability of the middle stratosphere during the northern winters. J. Meteor. Soc. Japan *60,* 124–139.
77 LABITZKE, K. (1983): A survey over the PMP-1 winters 1978/79 – 1981/82 in comparison with earlier winters. Adv. Space Res. *2,* 149–157.
78 LABITZKE, K.; NAUJOKAT, B. (1983): On the variability and on trends of the temperature in the middle stratosphere. Beitr. Phys. Atm. *56,* 495–507.
79 LABITZKE, K.; NAUJOKAT, B.; MCCORMICK, M. P. (1983): Temperature effects on the stratosphere of the April 4, 1982 eruption of El Chichón, Mexico. Geophys. Res. Let. *10,* 24–26.
80 LANGE, H. J. (1979): Spectral energetics by numerical filtering analysis. Beitr. Phys. Atm. *52,* 106–125.
81 LATIF, M.; MAIER-REIMER, E.; OLBERS, D. J. (1985): Climate variability studies with a primitive equation model of the equatorial Pacific. In: Coupled ocean-atmosphere models (J. C. J. Nihoul, ed.). Elsevier, Amsterdam.
82 LEACH, A. (1984): Some correlations between the large-scale meridional eddy momentum transport and zonal mean quantities. J. Atm. Sci. *41,* 236–245.
83 LEMKE, P.; TRINKL, E.W.; HASSELMANN, K. (1980): Stochastic dynamic analysis of polar sea in variability. J. Phys. Oceanogr. *10,* 2100–2120.
84 LINDEMANN, C. (1982): Flugmeteorologische Ergebnisse aus MESOKLIP. Meteorol. Rundsch. *35.*

85 MADDEN, R. A.; LABITZKE, K. (1981): A free Rossby wave in the troposphere and stratosphere during January 1979. J. Geophys. Res. *86,* 1247–1254.
86 MALBERG, H.; RÖDER, W. (1980): Über den Zusammenhang zwischen Bodenwind und geostrophischem Wind sowie die empirische Bestimmung des Reibungskoeffizienten. Meteorol. Rundsch. *33,* 161–167.
87 MALBERG, H.; BÖKENS, G. (1984): Orographische Einflüsse auf die Strömungsverhältnisse im südlichen Oberrheingraben. Meteorol. Rundsch. *37,* 11–15.
88 MALCHER, J.; KRAUS, H. (1983): Low level jet phenomena described by an integrated dynamical PBL-model. Boundary Layer Meteor. *27,* 327–343.
89 MAYER, H.; NOACK, E.-M. (1980): Einfluß der Schneedecke auf die Strahlungsbilanz im Großraum München. Meteorol. Rundsch. *33,* 65–74.
90 MAYER, H. (1981): Strahlungsmessungen über einem Ackerboden, einem Maisfeld und einem Weingarten. Agric. Meteor. *23,* 317–330.
91 MAYER, H. (1982): Net radiation budget in the Munich area in winter. Energy and Buildings *4,* 115–120.
92 METZ, W. (1985): Wintertime blocking and the zonal averaged flow: A cross-spectral time series analysis of observed data. J. Atm. Sci. *42,* 1880–1892.
93 METZ, W. (1986): Transient cyclone-scale vorticity forcing of blocking highs. J. Atm. Sci. *43,* 1467–1483.
94 MÜLLER, K.; BUCHWALD, K.; FRAEDRICH, K. (1979): Further studies on a single station climatology: (i) The summer confluence of subtropic and polar front jet. (ii) The two Northern cold poles. Beitr. Phys. Atm. *52,* 362–373.
95 MÜLLER, H.; REITER, R.; SLADKOVIC, R. (1984): Die vertikale Windstruktur beim MERKUR-Schwerpunkt: „Tagesperiodische Windsysteme" aufgrund von aerologischen Messungen im Inntal und im Rosenheimer Becken. Arch. Meteor. Geophys. Bioklim. *33,* 359–372.
96 NAUJOKAT, B. (1981): Long-term variations in the stratosphere of the Northern hemisphere during the last two sun spot cycles. J. Geophys. Res. *86,* 9811–9816.
97 PAMPERIN, H.; STILKE, G. (1985): Nächtliche Grenzschicht und LLJ im Alpenvorland nahe dem Inntalausgang. Meteorol. Rundsch. *38,* 145–156.
98 PONATER, M.; SPETH, P. (1984): Conversions between available potential energy and kinetic energy in January. Beitr. Phys. Atm. *57,* 55–63.
99 REIMER, E. (1980): A test of objective analysis with optimum utilization of radiosonde network in Central Europe. Beitr. Phys. Atm. *53,* 311–335.
100 REITER, R.; MÜLLER, H.; SLADKOVIC, R.; MUNZERT, K. (1983): Aerologische Untersuchungen der tagesperiodischen Gebirgswinde unter besonderer Berücksichtigung des Windfeldes im Talquerschnitt. Meteorol. Rundsch. *36,* 225–242.
101 REITER, R.; MÜLLER, H.; SLADKOVIC, R.; MUNZERT, K. (1984): Aerologische Untersuchungen des tagesperiodischen Windsystems im Inntal während MERKUR. Meteorol. Rundsch. *37,* 176–190.
102 RENNER, V. (1981): Zonal filtering experiments with a barotropic model. Beitr. Phys. Atm. *54,* 453–464.
103 ROECKNER, E. (1979): A hemispheric model for short range numerical weather prediction and general circulation studies. Beitr. Phys. Atm. *52,* 262–286.
104 ROSSOW, W. B.; RUPRECHT, E. et al. (1985): ISCCP cloud algorithm intercomparison. J. Clim. Appl. Meteor. *24,* 877–903.
105 SCHALLER, E. (1983): Synoptic forcing of the planetary boundary layer: A case study from the PUKK experiment. Beitr. Phys. Atm. *56,* 382–398.
106 SCHILLING, H. D. (1982): A numerical investigation of the dynamics of blocking waves in a simple two-level model. J. Atm. Sci. *39,* 998–1017.
107 SCHILLING, H. D. (1984): Baroclinic instability of ultralong waves. Part I: Low order model. Beitr. Phys. Atm. *57,* 135–149.
108 SCHILLING, H. D. (1984): Baroclinic instability of ultralong waves. Part II: Nonlinear baroclinic outburst episodes. Beitr. Phys. Atm. *57,* 150–168.

109 Schilling, H. D. (1986): On atmospheric blocking types and blocking numbers. Adv. Geophys. (B. Saltzman, ed.) *29,* 71–99.
110 Schilling, H. D. (1987): Observed baroclinic energy conversions in wave number domain for 3 winters: a time series analysis. Mon. Weath. Rev. *115,* 520–538.
111 Schmetz, J.; Raschke, E.; Fimpel, H. (1981): Solar and thermal radiation in maritime stratocumulus clouds. Beitr. Phys. Atm. *54,* 442–452.
112 Schmidt, F. (1981): Filter properties of spectral transformations. Mon. Weath. Rev. *109,* 271–285.
113 Schmidt, F. (1982): Cyclone tracing. Beitr. Phys. Atm. *55,* 335–357.
114 Schönwiese, C. D. (1983): Northern hemisphere temperature statistics and forcing. Part A: 1881–1980 AD. Arch. Meteor. Geophys. Bioklim. B *32,* 337–360.
115 Schönwiese, C. D. (1984): Wie Nr. 114, Part B: 1579–1880 AD. Arch. Meteor. Geophys. Bioklim. B *35,* 155–178.
116 Schönwiese, C. D. (1986): Zur Parametrisierung der nordhemisphärischen Vulkantätigkeit. Meteorol. Rundsch. *39,* 126–132.
117 Speth, P. (1978): Time-spectral analysis of large-scale eddy transport of sensible heat and momentum. Beitr. Phys. Atm. *51,* 153–165.
118 Speth, P. (1978): The global energy budget of the atmosphere. Part I: The annual cycle of available potential energy and its variability throughout a ten-year period (1967–1976). Beitr. Phys. Atm. *51,* 257–280.
119 Speth, P.; Osthaus, A. (1980): The global energy budget of the atmosphere. Part III: Horizontal transports of sensible heat and momentum of stationary eddies and connected conversions throughout a ten-year period (1967–1976). Beitr. Phys. Atm. *53,* 389–413.
120 Speth, P.; Kirk, E. (1981): Representation of meteorological fields by spherical harmonics. Meteorol. Rundsch. *34,* 5–10.
121 Speth, P.; Kirk, E. (1981): A one-year study of power spectra in wavenumber-frequency domain. Beitr. Phys. Atm. *54,* 186–206.
122 Speth, P.; Frenzen, G. (1982): Variability in time of horizontal transports of heat and momentum by stationary eddies. Beitr. Phys. Atm. *55,* 142–157.
123 Speth, P.; Ponater, M. (1982): Synoptic-scale vertical motion computed by the quasigeostrophic omega equation. Meteorol. Rundsch. *35,* 182–190.
124 Speth, P.; Madden, R. (1983): Space-time spectral analyses of Northern hemisphere geopotential heights. J. Atm. Sci. *40,* 1086–1100.
125 Speth, P.; Meyer, R. (1984): The interference of planetary waves for the formation of Atlantic-Europe blocking: Observational evidence. Beitr. Phys. Atm. *57,* 463–476.
126 Storch, H. v. (1982): A remark on Chervin/Schneider's algorithm to test significance of climate experiments with GCMs. J. Atm. Sci. *39,* 187–189.
127 Storch, H. v. (1984): A comparative study of observed and GCM simulated turbulent surface fluxes at the positions of Atlantic weatherships. Dynam. Atm. Ocean. *8,* 343–359.
128 Storch, H. v. (1984): An accidental result: The mean 1983 January 500 mb height field significantly different from its 1967–81 predecessors. Beitr. Phys. Atm. *57,* 440–444.
129 Storch, H. v.; Kruse, H. A. (1985): The extratropical atmospheric response to El Niño events – A multivariate significance analysis. Tellus A *37,* 361–377.
130 Tetzlaff, G.; Hagemann, N. (1986): Bemerkungen zum Niederschlag in Hannover. Meteorol. Rundsch. *39,* 1–12.
131 Vogel, B.; Gross, G.; Wippermann, F. (1986): MESOKLIP (First special observation period): Observations and simulations – A comparison. Boundary Layer Meteor. *35,* 83–102.
132 Welch, R. M.; Zdunkowski, W. G.; Cox, S. K. (1980): Calculations of the variability of ice cloud radiative properties at selected solar wave lengths. Appl. Opt. *19,* 3057–3067.
133 Welch, R. M.; Zdunkowski, W. G. (1981): The radiative characteristics of non-interacting cumulus cloud fields. Part I: Parameterizations for finite clouds. Beitr. Phys. Atm. *54,* 258–272.
134 Welch, R. M.; Zdunkowski, W. G. (1981): Wie Nr. 133. Part II: Calculations of cloud fields. Beitr. Phys. Atm. *54,* 273–285.

135 WELCH, R. M.; ZDUNKOWSKI, W. G. (1981): Improved approximation for diffuse solar radiation on oriented sloping surfaces. Beitr. Phys. Atm. *54,* 362–369.
136 WELCH, R. M.; ZDUNKOWSKI, W. G. (1981): The effect of cloud shape on radiative characteristics. Beitr. Phys. Atm. *54,* 482–491.
137 WELCH, R. M.; ZDUNKOWSKI, W. G. (1982): Backscattering approximations and their influence on Eddington-type solar flux calculations. Beitr. Phys. Atm. *55,* 28–42.
138 WICHMANN, M.; SCHALLER, E. (1985): Comments on „Problems in simulating the stratocumulus-topped boundary layer with a third order closure model." J. Atm. Sci. *42,* 1559–1561.
139 WIPPERMANN, F. (1981): The applicability of several approximations in meso-scale modelling – A linear approach. Beitr. Phys. Atm. *54,* 298–308.
140 WIPPERMANN, F.; GROSS, G. (1981): On the construction of orographically influenced wind roses for given distributions of the large-scale wind. Beitr. Phys. Atm. *54,* 492–501.
141 WIPPERMANN, F. (1984): Air flow over and in broad valleys; channeling and counter-current. Beitr. Phys. Atm. *57,* 92–105.
142 WIPPERMANN, F. (1984): Do flat mountain ranges also channel the air flow? Beitr. Phys. Atm. *57,* 282–284.
143 ZDUNKOWSKI, W. G.; WELCH, R. M.; HANSON, R. C. (1980): Direct and diffuse solar radiation on oriented sloping surfaces. Beitr. Phys. Atm. *53,* 449–468.
144 ZDUNKOWSKI, W. G.; WELCH, R. M.; KORB, G. (1980): An investigation of the structure of typical two-stream methods for the calculation of solar fluxes and heating rates in clouds. Beitr. Phys. Atm. *53,* 147–166.

5.2 *Dissertationen*

01 ADRIAN, G. (1985): Ein Initialisierungsverfahren für numerische mesoskalige Strömungsmodelle. Univ. Karlsruhe, Meteorol. Inst., 116 S.
02 BREHM, M. (1986): Experimentelle und numerische Untersuchungen der Hangwindschicht und ihrer Rolle bei der Erwärmung von Tälern. Univ. München, Meteorol. Inst., Wiss. Mitt. Meteorol. Inst. *54,* 150 S.
03 DETERING, H.W. (1985): Mischungsweg und turbulenter Diffusionskoeffizient in atmosphärischen Simulationsmodellen. TU Hannover, Inst. f. Meteorol. u. Klimatol., Ber. d. Inst. *25,* 211 S.
04 DORWARTH, G. (1985): Numerische Berechnung des Druckwiderstandes typischer Geländeformen. Univ. Karlsruhe, Meteorol. Inst.
05 GROSS, G. (1984): Eine Erklärung des Phänomens Maloja-Schlange mittels numerischer Simulation. TH Darmstadt, Inst. f. Meteorol., 129 S.
06 HANNOSCHÖCK, G. (1984): A multivariate signal-to-noise analysis of the response of an atmospheric circulation model to sea surface temperature anomalies. Univ. Hamburg, Meteorol. Inst.
07 HEIMANN, D. (1985): Ein Dreischichtenmodell zur Berechnung mesoskaliger Wind- und Immissionsfelder über komplexem Gelände. Univ. München, Meteorol. Inst., 160 S.
08 HESSLER, G. (1981): Untersuchungen bodennaher Temperatur- und Windfelder im Übergangsbereich Land-See am Beispiel der Kieler Bucht. Inst. f. Meereskunde Kiel, Inst. Ber. *92,* 1–93.
09 KALTHOFF, N. (1986): Eine Strahlungsparametrisierung für durchbrochene Bewölkung und deren Einfluß auf den Energiehaushalt der Grenzschicht. Univ. Bonn, Meteorol. Inst.
10 KIRK, E. (1983): Ein Verfahren zur Untersuchung großskaliger atmosphärischer Wellen im Wellenzahl-Zeit- und Wellenzahl-Frequenz-Raum. Univ. Köln, Inst. f. Meteorol. u. Geophys.
11 KOSCHNICK, W. (1981): Global-spektrale Untersuchung von Effekten eines isolierten orographischen Hindernisses. Univ. München, Meteorol. Inst.

12 LEMKE, P. (1980): Application of the inverse modelling technique to Arctic and Antarctic sea ice anomalies. Univ. Hamburg; Hamburger Geophysikalische Einzelschriften A *49.*
13 OBERHUBER, J. (1984): Untersuchung des gekoppelten Systems Ozean und Atmosphäre in den Tropen mit besonderer Berücksichtigung des El Niño/Southern Oscillation Phänomens. Univ. München, Wiss. Mitt. Inst. Meteorol. *50.*
14 PONATER, M. (1985): Räumlich-zeitliche Entwicklung energetischer Parameter während blockierender Wetterlagen. Univ. Köln, Inst. f. Meteorol. u. Geophys.
15 RIESENER, K. M. (1983): Ein nicht-hydrostatisches Finite-Element-Modell zur Simulation stationärer Konvektion über zweidimensionaler Topographie. FU Berlin, Theoret. Meteorol.
16 ROSE, K. (1981): Die Dynamik der mittleren Stratosphäre im Winter, dargestellt mit Hilfe der Haushaltsgleichungen für den Drehimpuls und sein Quadrat. FU Berlin, Meteorol. Inst.
17 TANGERMANN-DLUGI, G. (1982): Numerische Simulationen atmosphärischer Grenzschichtströmungen über langgestreckten mesoskaligen Hügelketten bei neutraler thermischer Schichtung. Univ. Karlsruhe, Meteorol. Inst.
18 ULRICH, W. (1986): Numerische Simulationen von thermisch induzierten Winden und Überströmungssituationen. Univ. München, Meteorol. Inst.
19 WALLBAUM, F. (1982): Numerische Simulationen atmosphärischer Strömungen im Mesoscale Gamma. TH Darmstadt, Inst. f. Meteorol.

5.3 Tagungsberichte und Erweiterte Vortragszusammenfassungen

01 AMTMANN, R.; MAYER, H. (1984): Energieumsätze an der Erdoberfläche im Inntal und im nördlichen Alpenvorland während MERKUR. XVIII. Int. Conf. Alp. Meteorol., Opatja, Jugosl.; Zbornik Met. Hidr. Rad. *10,* 31–34.
02 BREHM, M. (1982): Hangwindexperiment INNSBRUCK – Inversionsauflösung und Gebirgswindsystem. XVII. Int. Tag. Alp. Meteorol., Berchtesgaden Sept. 1982; Ann. Meteor. (NF) *19,* 150–152.
03 BREHM, M.; HENNEMUTH, B.; KÖHLER, U.; NODOP, L. (1984): Measurements and estimations of the energy balance and surface temperature of the Dischma valley. 3rd Rad. Budg. Colloq. München; Forsch. Ber. BMFT W-85, Bonn, 139–144.
04 BUCHHOLD, M. (1980): Modellrechnungen zur stationären Überströmung von Bergen. DMG-Symp. „SMP 200", Mannheim Okt. 1980; Ann. Meteor. (NF) *16,* 222–224.
05 CARNUTH, W.; LITTFASS, M.; SLADKOVIC, R. (1980): Lidarsondierungen des Tagesganges der vertikalen Aerosolschichtung über dem Oberrheingraben. DMG Symp. „SMP 200", Mannheim Oktober 1980; Ann. Meteor. (NF) *16,* 180–181.
06 CZECHOWSKY, P.; RÜSTER, R.; SCHMIDT, G. (1982): VHF-Radarmessungen während ALPEX. XVII. Int. Tag. Alp. Meteorol., Berchtesgaden Sept. 1982; Ann. Meteor. (NF) *19,* 124–126.
07 DETERING, H.W.; ETLING, D. (1985): Applications of the energy-dissipation turbulence model to mesoscale atmospheric flow. 7th Symp. Turbulence and Diffusion, Boulder, Col.; AMS Conf. Vol. 281–284.
08 DORWARTH, G. (1980): A parameterized cloud model for mesoscale simulations with orography. Commun. à la VIIIème Conf. Int. sur la Physique de nuages, Clermont-Ferrand Juillet 1980.
09 DORWARTH, G. (1982): Der Einfluß von Wolken und Niederschlagsbildung auf die Überströmung eines Gebirges. XVII. Int. Tag. Alp. Meteorol., Berchtesgaden Sept. 1982; Ann. Meteor. (NF) *19,* 122–123.

10 EGGER, J. (1980): Zur Theorie der thermisch angefachten Zirkulation in einem Tal. DMG-Symp. „SMP 200"; Mannheim Okt. 1980; Ann. Meteor. (NF) *16,* 116–117.
11 EGGER, J. (1983): Flow in valleys. NATO-Seminar Mesoscale Meteorology, Provence, France 1981; Proc. ed. by D. K. Lilly and T. Gal-Chen.
12 EGGER, J. (1983): Mesoscale mountain waves: theory and observations (wie 11).
13 EGGER, J. (1983): Topographic forcing (wie 11).
14 ETLING, D.; DETERING, H.W. (1983): Parametrisierung turbulenter Flüsse in numerischen Modellen zur Überströmung von Topographien. Meteorologentagung '83, Bad Kissingen; Ann. Meteor. (NF) *20,* 16–17.
15 FIEDLER, F. (1980): MESOKLIP - Ein Experiment zur Erfassung mesoskaliger Strukturen. DMG-Symp. „SMP 200"; Mannheim Okt. 1980; Ann. Meteor. (NF) *16,* 66–71.
16 FIEDLER, F. (1980): The mesoscale experiment MESOKLIP in the Rhein valley. Symp. on Mesoscale Phenomena and their Interactions, Geophys. Fluid Dyn. Lab., Princeton University, 29 Sept. 1980.
17 FIEDLER, F. (1981): Planetary boundary layer in mountainous regions (invited paper). ECMWF Workshop on Boundary Layer Parameterizations, Reading, UK, November 1981.
18 FREYTAG, C. (1980): Gebirgswinduntersuchungen im Inntal. DMG-Symp. „SMP 200"; Mannheim Okt. 1980; Ann. Meteor. (NF) *16,* 195–197.
19 FREYTAG, C. (1983): Ausbildung thermischer Windsysteme im Inntal. Meteorologentagung Bad Kissingen, Mai 1983; Ann. Meteor. (NF) *20,* 11–13.
20 FREYTAG, C.; HENNEMUTH, B. (1982): DISKUS - Gebirgswindexperiment im Dischmatal. Das Schönwetterwindsystem in einem kleinen Alpental. XVII. Int. Tag. Alp. Meteorol., Berchtesgaden Sept. 1982; Ann. Meteor. (NF) *19,* 146–149.
21 GROLL, A. (1982): Diffusionsexperimente während MERKUR - Ein Beitrag zur Phänomenologie der Ausbreitung. XVII. Int. Tag. Alp. Meteorol., Berchtesgaden Sept. 1982; Ann. Meteor. (NF) *19,* 127–128.
22 Groll, A.; Aufm-Kampe W. (1983): Zur Ausbreitung luftfremder Beimengungen: MESOKLIP und MERKUR. Meteorologentagung Bad Kissingen, Mai 1983; Ann. Meteor. (NF) *20,* 32–33.
23 GROSS, G. (1980): Modellrechnungen zur Tagesvariation in der Überströmung einer Mittelgebirgskette. DMG-Symp. „SMP 200"; Mannheim Okt. 1980; Ann. Meteor. (NF) *16,* 219–221.
24 GROSS, G. (1982): Numerische Simulation zur Über- und Durchströmung des Inntales im Bereich der südlichen MERKUR-Traverse. XVII. Int. Tag. Alp. Meteorol., Berchtesgaden Sept. 1982; Ann. Meteor. (NF) *19,* 95–98.
25 GROSS, G. (1983): Die Beeinflussung einer städtischen Wärmeinsel durch nächtliche Kaltluftzuflüsse - Ein numerisches Simulationsexperiment. Meteorologentagung Bad Kissingen, Mai 1983; Ann. Meteor. (NF) *20,* 59–61.
26 HALBSGUTH, G.; KERSCHGENS, M. J.; KRAUS, H.; MEINDL, G. (1982): Measurements of atmospheric stability in the boundary layer of an Alpine valley (Dischmatal, Swizzerland). XVII. Int. Tag. Alp. Meteorol., Berchtesgaden Sept. 1982; Ann. Meteor. (NF) *19,* 156–158.
27 HANTEL, M.; HACKER, J. M. (1981): A diagnostic large-scale heat budget of the Northern hemisphere. Proc. GARP/ICSU/WMO Conf. Bergen, Norway June 1980; Geneva, 390–405.
28 HAUF, T.; CORSMEIER, U. (1980): Turbulenzstruktur über dem Oberrheingraben. DMG-Symp. „SMP 200"; Mannheim Okt. 1980; Ann. Meteor. (NF) *16,* 186–188.
29 HAUF, T.; WITTE, N. (1982): Untersuchungen zur Dynamik nächtlicher Kaltluftabflüsse. XVII. Int. Tag. Alp. Meteorol., Berchtesgaden Sept. 1982; Ann. Meteor. (NF) *19,* 163–165.
30 HENNEMUTH, B. (1980): Wärmehaushalt und tagesperiodische Windsysteme am Haardtrand während MESOKLIP. DMG-Symp. „SMP 200"; Mannheim Okt. 1980; Ann. Meteor. (NF) *16,* 75–77.
31 HENNEMUTH, B.; KÖHLER, U. (1982): DISKUS - Gebirgswindexperiment im Dischmatal bei Davos. Abschätzung der Energiebilanz eines Gebirgstales. XVII. Int. Tag. Alp. Meteorol., Berchtesgaden Sept. 1982; Ann. Meteor. (NF) *19,* 175–177.

32 HERTERICH, K.; SARNTHEIN, M. (1984): Brunhes time scale: tuning by rates of calium-carbonate dissolution and cross-spectral analyses with solar insolation. In „Milankovich and Climate" (A. Berger et al., eds.) NATO-ASI-Series C, *125*, Part I, 447–466.
33 HÖSCHELE, K. (1980): Einfluß charakteristischer Geländestrukturen auf die Strömung am Ostrand des Oberrheintales. DMG-Symp. „SMP 200", Mannheim Okt. 1980; Ann. Meteor. (NF) *16*, 72–74.
34 KAPITZA, H.; STILKE, G. (1982): Die Ausbildung der nächtlichen Grenzschicht im Alpenvorland. XVII. Int. Tag. Alp. Meteorol., Berchtesgaden Sept. 1982; Ann. Meteor. (NF) *19*, 159–162.
35 KRAUS, H. (1982): The PUKK-Experiment. Preprint Volume „1st Int. Conf. on Meteorol. and Air/Sea Interaction of the Coastal Zone", The Hague, May 1982 (AMS Boston, Mass.).
36 LABITZKE, K. (1984): On the interannual variability of the middle atmosphere during winter. Int. MAP-Symposium, Kyoto/Japan, Nov. 1984 (to be published in MAP Handbook).
37 LANGE, H.-J. (1981): Numerical simulation of frictionally induced secondary circulation. Symp. on Current Problems of Weather Prediction, Vienna/Austria. Proc. in Publ. Nr. 253 der Zentralanstalt für Meteorologie und Geodynamik, Wien, S. 215.
38 MALBERG, H. et al. (1980): Mittlere geostrophische und beobachtete Strömungsverhältnisse im Oberrheingraben. DMG-Symp. „SMP 200", Mannheim Okt. 1980; Ann. Meteor. (NF) *16*.
39 MAST, G. (1980): Temperaturinversionen an verschiedenen Orten des Oberrheintales. DMG-Symp. „SMP 200", Mannheim Okt. 1980; Ann. Meteor. (NF) *16*, 79–81.
40 MAST, G. (1982): Die thermodynamische Beeinflussung des Massenhaushaltes im Oberrheingraben bei unterschiedlichen Strömungsverhältnissen. XVII. Int. Tag. Alp. Meteorol., Berchtesgaden Sept. 1982; Ann. Meteor. (NF) *19*, 116–118.
41 MAST, G.; PRENOSIL, TH. (1981): Temperature- and windfields in the German Oberrheintal. Int. Ass. Meteor. Atm. Phys. (IAMAP), Hamburg Aug. 1981; ICDM, 113.
42 MAYER, H. (1980): Problematik bei der Kartierung der Oberflächenalbedo in einem mesoskaligen Gebiet. DMG-Symp. „SMP 200", Mannheim Okt. 1980; Ann. Meteor. (NF) *16*, 82–84.
43 MÜLLER, H.; REITER, R. (1980): Untersuchungen über das Berg-Talwindsystem und die Ausbreitung von Aerosolpartikeln in einem nordalpinen Quertal (Loisachtal). Umweltschutzkongress der ARGE Alpenländer, Gardone Riviera, Italien, Okt. 1980.
44 MÜLLER, H.; REITER, R.; SLADKOVICH, R.; MUNZERT, K. (1982): Aerologische Untersuchungen des tagesperiodischen Windsystems im Loisachtal. XVII. Int. Tag. Alp. Meteorol., Berchtesgaden Sept. 1982; Ann. Meteor. (NF) *19*, 186–188.
45 NIESEN, W. (1980): Sensitivitätstests mit einem globalen spektralen Zirkulationsmodell der Atmosphäre. Meteorologen-Tagung Berlin, Febr. 1980; Ann. Meteor. (NF) *11*, 213.
46 NODOP, K.; QUENZEL, H. (1982): Bodenoberflächentemperatur eines Gebirgstales aus Radiometermessungen. XVII. Int. Tag. Alp. Meteorol., Berchtesgaden Sept. 1982; Ann. Meteor. (NF) *19*, 178–180.
47 PRENOSIL, T. (1980): Anwendung eines numerischen Modelles für die Überströmung mesoskaliger Geländeformen. DMG-Symp. „SMP 200", Mannheim Okt. 1980; Ann. Meteor. (NF) *16*, 106–108.
48 REIMER, E. (1980): Dreidimensionale, objektive Analyse meteorologischer Parameter unter Ausnutzung des Radiosonden- und Bodenmeßnetzes in Zentraleuropa. DMG-Symp. „SMP 200", Mannheim Okt. 1980; Ann. Meteor. (NF) *16*.
49 REINHARDT, M. E.; WILLEKE, H. (1982): Temperatur- und Feuchtestruktur der freien Atmosphäre über einem einseitig geschlossenen Hochgebirgstal aus Motorseglermessungen während DISKUS. XVII. Int. Tag. Alp. Meteorol., Berchtesgaden Sept. 1982; Ann. Meteor. (NF) *19*, 183–185.
50 REITER, R.; SLADKOVICH, R.; MÜLLER, H. (1980): Spezielle Aspekte zum Berg-Talwindsystem eines direkt in die Bayrische Hochebene übergehenden alpinen Quertales. XVI. Congr. Int. Meteorol. Alpine, Aix-les-Bains Sept. 1980; Preprint Vol. 85–89.
51 ROSE, K.; LABITZKE, K.; KÜMMEL, U. (1984): On the use of potential vorticity for the diagnosis of stratospheric synoptics. Int. MAP-Symposium, Kyoto/Japan Nov. 1984 (to be published in MAP Handbook).
52 SCHALLER, E. (1983): Mesoskalige turbulente Flüsse: Eine Fallstudie für das Küstenexperiment PUKK. Meteorologentagung Bad Kissingen, Mai 1983; Ann. Meteor. (NF) *20*, 14–15.

53 Schaller, E.; Wichmann, M. (1985): Interaction of turbulent fluxes and mesoscale advection in the stably stratified boundary layer. 7th Symp. on Turbulence and Diffusion, Nov. 1985, Boulder, Col.; Preprint Vol. 365–368.
54 Schaller, E. (1982): Time- and height-variability of the turbulent fluxes of sensible and latent heat in the Ekman layer over land and sea. 1st Int. Conf. on Meteorol. and Air/Sea Interaction of the Coastal Zone; The Hague May 1982; Preprint Vol. 17–19, AMS Boston, Mass.
55 Schmetz, J. (1982): Scattering of radiation in a field of interacting clouds. DMG/AEP-Symp. Strahlungstransportprobleme und Satellitenmessungen, Köln März 1982; Ann. Meteor. (NF) *18.*
56 Schmetz, J.; Raschke, E. (1980): Radiative properties of boundary layer clouds as measured by an aircraft. Int. Radiation Symp. 1980, Ft. Collins, Col.; Conf. Vol. 514–516.
57 Schmidt, H.; Hennemuth, B. (1983): Das thermische Windsystem in einem kleinen Alpental. Meteorologentagung Bad Kissingen, Mai 1983; Ann. Meteor. (NF) *20.*
58 Semmler, H.; Freytag, C.; Hennemuth, B. (1982): MERKUR – Ein mesoskaliges Unterprogramm von ALPEX. XVII. Int. Tag. Alp. Meteorol., Berchtesgaden Sept. 1982; Ann. Meteor. (NF) *19,* 92–94.
59 Simmer, C.; Raschke, E.; Ruprecht, E. (1982): A method for determination of cloud properties from two-dimensional histograms. DMG/AEP-Symp. Strahlungstransportprobleme und Satellitenmessungen, Köln März 1982; Ann. Meteor. (NF) *18,* 131–132.
60 Stilke, G. (1984): Nocturnal boundary layer and low-level jet in the pre-alpine region near the outlet of the Inn-valley. XVIII. Int. Conf. Alp. Meteorol., Opatija, Jugosl. Sept. 1984; Zbornik Met. Hidr. Rad. *10,* 68–71.
61 Tetzlaff, G.; Laude, H.; Hagemann, N.; Adams, L. J. (1983): Windgeschwindigkeitsmaxima in der nächtlichen Grenzschicht während PUKK. Meteorologentagung Bad Kissingen, Mai 1983; Ann. Meteor. (NF) *20,* 190–191.
62 Ulrich, W. (1982): Numerische Simulation thermisch angeregter Windsysteme im Dischmatal. XVII. Int. Tag. Alp. Meteorol., Berchtesgaden Sept. 1982; Ann. Meteor. (NF) *19,* 153–155.
63 Vogel, B. (1982): Vergleich verschiedener Strahlungsberechnungen mit unterschiedlichem Vereinfachungsgrad in einem numerischen Simulationsmodell. DMG/AEP-Symp. Strahlungstransportprobleme und Satellitenmessungen, Köln März 1982; Ann. Meteor. (NF) *18,* 77–80.
64 Vogel, B. (1983): Ein objektives Analysenverfahren für die MESOKLIP-Vertikalschnitte. Meteorologentagung Bad Kissingen, Mai 1983; Ann. Meteor. (NF) *20,* 51–53.
65 Walk, O. (1980): Vertikalprofile der Windrichtung im Oberrheintaal und am Kraichgaurand. DMG-Symp. „SMP 200“, Mannheim Okt. 1980; Ann. Meteor. (NF) *16,* 189–191.
66 Walk, O. (1982): Die Darstellung des Orts- und Zeitanteiles des Strömungsfeldes aus Ballonaufstiegen während MESOKLIP durch empirische Orthogonalfunktionen. XVII. Int. Tag. Alp. Meteorol., Berchtesgaden Sept. 1982; Ann. Meteor. (NF) *19,* 113–115.
67 Wallbaum, F. (1980): Numerische Simulation lokaler Windsysteme im Bereich eines Alpentales. DMG-Symp. „SMP 200“, Mannheim Oktober 1980; Ann. Meteor. *16,* 112–115.
68 Weber, G.; Rüster, R.; Klostermeyer, J. (1982): VHF-Radarbeobachtungen von Frontpassagen im Voralpengebiet. XVII. Int. Tag. Alp. Meteorol., Berchtesgaden Sept. 1982; Ann. Meteor. (NF) *19,* 99–101.
69 Wippermann, F. (1980): Mesoscale-Modelle: Auswirkungen verschiedener Modellannahmen. DMG-Symp. „SMP 200“, Mannheim Okt. 1980; Ann. Meteor. (NF) *16,* 210–212.

5.4 *Institutsmitteilungen, sonstige Veröffentlichungen*

01 DORWARTH, G. (1986): Numerische Berechnung des Druckwiderstandes typischer Geländeformen. Wiss. Ber. Inst. Meteorol. Klimatol. Univ. Karlsruhe, Nr. *6.*

02 EBBRECHT, H. G. (1980): Die verfügbare potentielle Energie des planetarischen Wirbels und ihre jährliche Variation. Ber. Inst. Meereskunde Kiel, Nr. *76.*

03 FIEDLER, F. (1981): Klima und Klimabeeinflussung im Oberrheingraben. Mannheimer Vorträge, Akademischer Winter 80/81, Heft *6,* Mannheim.

04 FIEDLER, F. (1983): Einige Charakteristika der Strömung im Oberrheingraben. Wiss. Ber. Meteorol. Inst. Univ. Karlsruhe, Nr. *4,* 113-123.

05 FIEDLER, F. (1985): Erfassung der Ausbreitung und Konzentration von Luftschadstoffen. Waldschäden, 307-334.

06 FIEDLER, F.; PRENOSIL, T. (1980): Das MESOKLIP-Experiment. Wiss. Ber. Meteorol. Inst. Univ. Karlsruhe, Nr. *1.*

07 FORTAK, H. (1980): Meßtechnische Untersuchung der planetarischen Grenzschicht mit Hilfe eines instrumentierten Motorseglers. Ber. d. DWD, Nr. *149,* Offenbach/M.

08 FORTAK, H. (1980): Local and regional climatic impacts of heat emission. In: Interaction of energy and climate (W. Bach, J. Pankrath and J. Williams, eds.), 383-398.

09 FREYTAG, C. (Hrsg.) (1985): Atmosphärische Grenzschicht in Alpentälern während der Experimente HAWEI, DISKUS und MERKUR. Wiss. Mitt. Meteorol. Inst. Univ. München, Nr. *52,* 131 S.

10 FREYTAG, C.; HENNEMUTH, B. (Hrsg.) (1979): Hangwindexperiment Innsbruck Oktober 1978 - Datenheft. Wiss. Mitt. Meteorol. Inst. Univ. München, Nr. *36,* 261 S.

11 FREYTAG, C.; HENNEMUTH, B. (Hrsg.) (1981): DISKUS - Gebirgswindexperiment im Dischmatal; Datensammlung Teil 1: Sondierungen. Wiss. Mitt. Meteorol. Inst. Univ. München, Nr. *43,* 250 S.

12 FREYTAG, C.; HENNEMUTH, B. (Hrsg.) (1982): DISKUS - Gebirgswindexperiment im Dischmatal; Datensammlung Teil 2: Bodennahe Messungen und Flugzeugmessungen. Wiss. Mitt. Meteorol. Inst. Univ. München, Nr. *46,* 192 S.

13 FREYTAG, C.; HENNEMUTH, B. (1982): MERKUR-Handbuch. Meteorol. Inst. Univ. München, 129 S.

14 FREYTAG, C.; HENNEMUTH, B. (Hrsg.) (1983): MERKUR - Mesoskaliges Experiment im Raum Kufstein-Rosenheim. Wiss. Mitt. Meteorol. Inst. Univ. München, Nr. *48,* 132 S.

15 GOMOLKA, K.; KOENEN, D. (1981): Die Prüfung synoptischen Datenmaterials von Landstationen mittels EDV für klimatologische Zwecke. DWD Offenbach/M., Ber. 12 S. u. 32 S. Tabellen.

16 GOMOLKA, K.; KALB, M.; VENT-SCHMIDT, V. (1980): Das Klima im nördlichen Oberrheingebiet - Analyse für mesoklimatologische Zwecke. DWD Offenbach/M., Ber. 26 S. u. 22 S. Abb. u. Tabellen.

17 HACKER, J. M. (1981): Der Massen- und Energiehaushalt der Nordhemisphäre. Bonner Meteorol. Abhandl. *27,* 93 S.

18 HACKER, J. (1982): Preliminary results of the Alpine experiment DISKUS. Aero Revue *10,* 44-49.

19 HENNEMUTH, B. (1982): DISKUS - Gebirgswindexperiment im Dischmatal. Mitt. Dtsch. Meteorol. Ges. *3,* 22-24.

20 HERRMANNSHAUSEN, U. (1979): Energiespektren von Temperatur, Geopotential und Wind an ausgewählten Gitterpunkten des DWD-Gitternetzes der Nordhalbkugel. Ber. Inst. Meereskunde Kiel, Nr. *72.*

21 KANTER, H. J.; SLADKOVIC, R. (1979): Untersuchung des Berg-Tal-Windes und des Temperaturprofiles im Inntal während des Hangwindexperimentes Innsbruck Oktober 1978 (s. lfd. Nr. 10, S. 157-191).

22 KERSCHGENS, M. J.; KRAUS, H.; SCHALLER, E. (1981): Untersuchung von orographischen Winden in einem Alpental in Verbindung mit Energieflußdichten an der Erdoberfläche (s. lfd. Nr. 11, S. 201-229).

23 Kerschgens, M. J.; Kraus, H.; Schaller, E. (1982): Untersuchungen von orographischen Winden in einem Alpental in Verbindung mit Energieflußdichten an der Erdoberfläche, Teil 2 (s. lfd. Nr. 12, S. 62–71).

24 Kessler, A. (1982): Anthropogene Änderungen des Strahlungshaushaltes der Erdoberfläche. Erdwiss. Forsch., Akad. d. Wiss. u. Lit. Mainz.

25 Klöppel, M; Stilke, G. (1978): Untersuchung der Vorgänge beim Auf- und Abbau von Bodeninversionen. Hamburger Geophys. Einzelschr. A *38,* 67 S.

26 Labitzke, K.; Goretzki, B. (1982): A catalogue of dynamic parameters describing the variability of the middle stratosphere during the Northern winters. MAP-Handbook Nr. *5.*

27 Laude, H.; Hagemann, N.; Tetzlaff, G. (1984): PUKK – Ein meteorologisches Projekt zur Untersuchung mesoskaliger Phänomene an der Küste. Stationen, Meßgebiet, Ergebnisse. Ber. Inst. Meteorol. Klimatol. TU Hannover *24,* 104 S.

28 Leach, A. (1982): Spektrale Untersuchungen des Geopotentials und des geostrophischen Windes im 200mb-Niveau und Parametrisierung von großturbulentem meridionalem Drehimpulstransport. Ber. Inst. Meereskunde Kiel, Nr. *100,* 81 S.

29 Mydla, B. (1982): Longitudinale und zeitliche Veränderlichkeit des durch stehende und wandernde Wellen getätigten meridionalen Transportes von relativem Drehimpuls im 200- und 500mb-Niveau in der Breitenzone von 20° bis 60°N während des Jahres 1975. Ber. Inst. Meereskunde Kiel, Nr. *95.*

30 Perkuhn, J. (1979): Spektrale Betrachtung der großskaligen Transporte von sensibler Energie und Drehimpuls an ausgewählten Gitterpunkten des DWD-Gitternetzes der Nordhemisphäre. Ber. Inst. Meereskunde Kiel, Nr. *73.*

31 Reimer, E. (1984): Großräumige, numerische Analyse des Geopotentials, der Temperatur und des Windes während MESOKLIP. Ber. Meteorol. Inst. FU Berlin.

32 Reiter, R.; Sladkovic, R.; Munzert, K. (1981): Untersuchung des Berg-Tal-Windes und Erfassung des Temperaturprofiles während des Gebirgswindexperimentes DISKUS im Dischmatal Aug. 1980. Wiss. Mitt. Fraunh. Inst. f. Atm. Umweltforschung, Nr. *11,* 15 S.

33 Reiter, R.; Sladkovic, R.; Munzert, K.; Müller, H. (1982): Erfassung des Temperatur- und Windfeldes während MERKUR im Inntal bei Radfeld/Tirol März/April 1982. Wiss. Mitt. Fraunh. Inst. f. Atm. Umweltforschung, Nr. *13,* 229 S.

34 Reiter, R.; Sladkovic, R. (1981): Ergebnisse der Radiosonden- und Pilotballonaufstiege während des MESOKLIP-Experiments Sept. 1979 an der Station 2 bei Weyer. Wiss. Mitt. Fraunh. Inst. f. Atm. Umweltforschung, Nr. *12.*

35 Rieger, K.W. (1982): Die räumliche und zeitliche Veränderlichkeit des meridionalen Transportes sensibler Energie im 850- und 500-mb-Niveau während eines Jahres. Ber. Inst. Meereskunde Kiel, Nr. *94.*

36 Schott, R. (1980): Untersuchungen über die Energiehaushaltskomponenten in der atmosphärischen Grenzschicht am Beispiel eines Kiefernbestandes in der Oberrheinebene. Ber. DWD Offenbach/M., Nr. *153.*

37 Simmer, C. (1983): Wolkenerkennung aus bispektralen Häufigkeitsverteilungen. Mitt. Inst. Geophys. Meteor. Univ. Köln, Nr. *38,* 80 S.

38 Strunk, H.-A. (1981): Die kinetische Energie des planetarischen Wirbels und ihre jährliche Variation. Ber. Inst. Meereskunde Kiel, Nr. *81.*

39 Swolinski, M.; Vörsmann, P. (1982): Windmessungen an Bord des Forschungsflugzeuges DO 28 Skyservant für das MERKUR-Experiment. Mitt. Inst. Flugführung TU Braunschweig, 60 S.

40 Vogel, Ch. (1979): Die Struktur der stehenden Temperatur- und Geopotentialwellen im April und Oktober und die durch sie hervorgerufenen Transporte von sensibler Energie und Drehimpuls. Ber. Inst. Meereskunde Kiel, Nr. *74.*

41 Vogel, B.; Adrian, G.; Fiedler, F. (1987): MESOKLIP-Analysen der meteorologischen Beobachtungen von mesoskaligen Phänomenen im Oberrheingraben. Wiss. Ber. Inst. Meteor. Klimaf. Univ. Karlsruhe, Nr. 7.

6 *Durchgeführte Seminare und Berichtskolloquien*

(T = Teilnehmer)

01	26.–28. 4.1978	Bernried/Obb.	Seminar SP-Bereich „Globales Klima“	24 T
02	21.–23. 6.1978	Neustadt/Weinstr.	Seminar SP-Bereich „Mesoskaliges Klima“	26 T
03	6.12.1978	München	Arbeitsgruppe „Blocking“	13 T
04	10. 1.1979	Hamburg	Arbeitsgruppe „Sensitivitäts-Untersuchungen“	18 T
05	15.–16.11.1979	Bad Sooden-Allendorf	SP-Berichtskolloquium	37 T
06	23.–25. 4.1980	Bernried/Obb.	Seminar SP-Bereich „Globales Klima“	40 T
07	13.–15.10.1980	Mannheim	DMG Symposium SMP 200 2. und 3. Fachsitzung „Mesoskaliges Klima”	13 Vorträge
08	28.–29.10.1981	Karlsruhe	SP-Berichtskolloquium	54 T
09	26.–28. 5.1982	Eschenlohe	Seminar SP-Bereich „Globales Klima“	32 T
10	9.–11. 2.1983	Bühl/Baden	Seminar SP-Bereich „Mesoskaliges Klima“	34 T
11	23.–25. 5.1984	Eschenlohe	Seminar SP-Bereich „Globales Klima“	31 T
12	27.–29. 6.1984	Eberbach	Seminar SP-Bereich „Mesoskaliges Klima“	40 T

Außerdem fanden zur Vorbereitung bzw. Auswertung der Feldexperimente folgende Arbeitsgruppentreffen statt:

13	5. 9.1979	Offenbach/M.	Vorbereitung MESOKLIP	23 T
14	18. 1.1980	Hamburg	Vorbereitung PUKK	30 T
15	8. 2.1980	Karlsruhe	Auswertung MESOKLIP	21 T
16	9.–10. 6.1980	Nordholz	Vorbereitung PUKK	25 T
17	26. 6.1981	München	Vorbereitung MERKUR	23 T
18	18.12.1981	München	Treffen der an MERKUR beteiligten Flugzeug-Gruppen	11 T

7 *Anschriften der Autoren*

Prof. Dr. Joseph Egger
Meteorologisches Institut
der Universität
Arbeitsgruppe Theoretische Meteorologie
Theresienstraße 37
8000 München 2

Prof. Dr. Franz Fiedler
Institut für Meteorologie
und Klimaforschung der Universität
Kaiserstraße 12
7500 Karlsruhe

Dr. C. Freytag
Meteorologisches Institut
der Universität
Theresienstraße 37
8000 München 2

Dr. Barbara Hennemuth
Meteorologisches Institut
der Universität
Bundesstraße 55
2000 Hamburg 13

Prof. Dr. Helmut Kraus
Meteorologisches Institut
der Universität
Auf dem Hügel 20
5300 Bonn 1

Prof. Dr. Friedrich Wippermann
Institut für Meteorologie
der Technischen Hochschule
Hochschulstraße 1
6100 Darmstadt